大都會文化
METROPOLITAN CULTURE

大都會文化
METROPOLITAN CULTURE

Free
Style
in
Your
Job

# 前言

這是一個到處充滿競爭，而且競爭非常激烈的社會。這本是一件無可厚非的好事，但是所有的事情，都不可能按照完全理想的狀態發展，總會因為一些人，讓自己原本可以安全渡過危險期的好事，變得走了味兒。

競爭也是如此，競爭產生了優勝劣敗，對於個人的進步與社會的發展，都具有不可估量的作用。既然是競爭，就會有人輸、有人贏，誰都希望自己能贏得比賽的勝利，把對方擊敗，但是當自己的實力遠遠不如對方，又想贏得這場比賽的時候，就會出現不正當的競爭手段。

誰都知道這個最簡單的道理：擊敗對方最穩妥的方法就是讓對方退出比賽。

競爭也是一樣，當你和別人一起競爭的時候，有些人為了自己能夠贏得最終的勝利，往往會採取各種手段，把你踩下去。

可能我們從小到大，誰都會碰到過被別人踩的經歷，我想只要是有過這樣的經歷，一旦提起，都會覺得委屈、一肚子火。如果是正當競爭，自己輸了，也能夠心平氣和地接受，明明自己可以得勝，卻因為對手不光彩的手段，把自己從有利位置上踢了下來，怎麼能輕易地嚥下這口氣。

如果想要防止被別人整，那你就必須學會保護自己。這不是教大家圓滑世故，而是希望大家不要被其他的小人陷害，中了他們的奸計。

首先，你要學會讓自己更為有利——千萬不要把這理解成為像小人一樣把別人的功勞據為己有，而是要學會好好地表現自己，把本來屬於自己的功勞牢牢地抓在自己的手裡。別覺得這是一個很容易解決的問題，有多少人因為各種原因，最後把自己的功勞拱手送給了別人，或者被他人強行地奪走。

其次，就是要學會讓自己安全渡過危險期。誰都會犯錯誤，這一點是毋庸置疑的，但是有些人往往會揪住你的錯誤不放，即便是小小的過失，也會被他們渲染成滔天大禍，所以為了更好地保護自己，讓自己能夠繼續具備競爭的資格，就需要你適時地「諉過」。

## 前言

社會上的競爭，因為激烈，因為人的素質，因為遊戲規則，所以難免在某些地方會變質。你空自嗟嘆是毫無用處的，最關鍵的是你要能適應，然後在競爭中得到最終的勝利。

誰都有可能被別人整，但是不一定誰都能把你整下去。

一個人想要成功，絕對不可能凡事倚靠外力。你必須先從自身做起，放下那些自尊與驕傲，低下頭來好好檢視自己，看看自己是否具備了足以讓你成功的條件，如果有，那麼你離成功跨進了一小步；如果沒有，那麼也不要灰心，因為那些條件是你可以學習的。

CONTENTS

第二章

# 在險惡叢林裡當一隻悠哉自在的小白兔 037

當你順利將自身的基礎成功條件內化後，再來就是得更加強化你的心理建設，你相信了自己會成功，但意志卻時常會動搖，你的情感太過豐沛導致你常陷入不義，那該怎麼辦？你就像一部準備邁向成功的鋼彈機器人，內部零件準備好了，但現在我們要來強化它們。

你不要主動攻擊別人，但這不代表你對於他人的攻擊必須坐以待斃；你要謙虛和氣，也不代表你要逆來順受，你要學著當個不讓他人感到刺眼的聰明人，巧妙的避開那些蓄意的攻擊，做好防禦工作是很重要的。

CONTENTS

## 第四章 以和為貴，先受益的是你自己 101

孔子說：「禮之用，和為貴。」禮的作用是以「和」為最高目的，學會適時適度的稱讚他人有益處無壞處，但孔子也說了：「君子和而不同，小人同而不和。」你要學會讚美與阿諛的差別，做到真心讚美他人，而不讓人覺得你虛偽。

交到朋友是一件好事，但有些人會因為認為彼此熟捻而踰矩或是口無遮攔，你要知道，朋友就是朋友，他不是你的家人，可以用大愛理解你所有無心的過錯，朋友間沒有不起衝突的，這個時候就要看你如何化解衝突並且使情況緩解了。

CONTENTS

## 第六章 與同事交際良好的應酬術 159

如果一天工作八到十小時，扣除掉睡眠時間，同事的存在就佔了你一天時間中的三分之二。他幾乎每天都會在你生活中出現，你要怎麼與他相處，達到合作愉快，共創佳績的局面，就要看你如何以聰明的手腕去與同事交際。

第七章

# 與老闆成功交往的法則



老闆是給你飯吃，付你薪水的人，對你而言他就是老大，你要聽命於他，但並不代表你要事事順從，沒有自己的靈魂與意見，像個只會埋首工作的機器，當你有自己的想法時，如何讓老闆心服口服的聆聽並且接納；你要怎麼與老闆相處，保障自己，這也是一門高深的學問。

CONTENTS

## 第八章 給別人面子就是給自己面子 239

面子是很奇妙的東西，你看不到也摸不到，但他卻對每個人都很重要，沒有人希望在大眾面前出糗下不了臺，在一些無關緊要的小事上你可以跳出來化解尷尬，給人面子基本上是種互助的行為，今天你給了人家面子，改天當你遇到困窘況狀時，別人也就會給你面子。

# 第1章

# 許自己一個成功的開始

## 為什麼要低頭

老祖先有一句話：「人在屋簷下，不得不低頭。」老祖先可說是洞察世事人情，因此這句話是相當有智慧的，可是筆者認為這句話有加以修正的必要。

我認為，「不得不」充滿了無奈、勉強、不情願，這種「低頭」太痛苦，因此這句話應改為「在人屋簷下，一定要低頭！」，把「不得不」改成「一定」並不是在玩文字遊戲，而是有充分考量的。

所謂的「屋簷」，說明白些，就是別人的勢力範圍。換句話說，只要你身處在這勢力範圍之中，並且倚靠這勢力生存，那麼你就是在別人的「屋簷」下了。這「屋簷」有的很高，任何人都可抬頭站著，但這種屋簷不多，以人類容易排斥「非我族群」的天性來看，大部分的「屋簷」都是低的！也就是說，進入別人的勢力範圍時，你會受到很多有意無意的排斥和不明就理、不知從何而來的欺壓。這種情形在你的一生當中，至少會發生一次以上，除非你有自己的一片天空，是個強人，不用靠別人來過日子。但是你能保證你一輩子都可以如此自由自在，不用在人的「屋簷」下避避風雨嗎？所以，在人屋簷下的心態就有必要調整了。

筆者的主張是：只要是在別人的屋簷下，就「一定」要低頭。不用別人來提醒，也不要撞到屋簷了才低頭！這是一種對客觀環境的理性認知，沒有絲毫勉強。

這樣子的好處是：不會因為不情願低頭而碰破了頭：因為你很自然地就低下了頭，而不致成為顯著的目標。不會因為沉不住氣而想把「屋簷」拆了；要知道，不管拆不拆得掉，你總要受傷的。不要因為脖子太瘦，忍受不了而離開「屋簷」下。離開不是不可以，但要去哪裡？這是必須考慮的。而且離開後想再回來，也並不容易。在「屋簷」下待久了，你就很有可能可以成為屋內的人。

總而言之，「一定要低頭」的目的是為了讓自己與現實環境有和諧的關係，把二者的摩擦降至最低，是為了保存自己的能量，方便走更長遠的路，而把不利環境轉化成對你有利的力量！這是處世的一種柔軟，一種權變，更是在社會當中的生存智慧。

「在人屋簷下」是人生必經的過程，它會以很多不同的方式出現，當你看到了「屋簷」，請不要「不得不」，而是要告訴自己：「一定要低頭！」

當然，「一定要低頭」，脖子也會痠，但揉一揉也就過去了。

## 識時務者為俊傑

「識時務者為俊傑」是一句古語，很久以前的老祖先們就已經這麼告訴我們了。這句話是在這個社會裡行走的金玉良言，將這句話謹記在心，並且誠懇實踐的人，必可在人性叢林裡履險如夷。

所謂「識時務」是指瞭解客觀環境的變化，給予妥善的應對。由於這個社會裡的情勢複雜多變，而「識時務」在求生存的觀點來看，有兩種用意：

第一種是防患未然，並且捷足先登。也就是說，你必須時時刻刻注意環境的變化，並蒐集別人的看法，研判未來可能的發展，如此即可避免傷害的產生，並比別人早一步行動，先獲取利益。而事實證明，成功人士都是識時務者，醉生夢死的人很少是成功的。

第二種是通權達變，轉危為安。也就是說，在面臨危機時，你必須審慎評估各種處理方式對你的影響，並採取對你最有利的決定，而「識時務者為俊傑」這句話最常被人使用，也就是在這個時候。為何如此？因為絕大多數人都缺乏防患未然的「識時務」措施，所以才會碰上危機，又因為種種顧忌，而搞得鼻青臉腫，因此「識時務」這三個字才越發顯現出它的價值。能識時務者才能轉危為安，也才是「俊傑」，古人之論，真是務實呀！

不過，最值得一提的不是如何以智慧去化解危機，而是如何體察利害關係，這也就是「通權達變，轉危為安」的「識時務」的精義。而它的最高指導原則便是——只要能解決問題，使自身的利益獲得保全，所有能解除危機的辦法都可以考慮！

一般人在面臨危機時除了考慮到本身能力之外，也常考慮到面子、身段。事實上，這二樣東西只有在太平時代才有價值，當生死存亡的關頭到來時，這二樣東西便不值半文，甚至成為負擔跟諷刺！因為，當自身失去了存在，面子、身段也都將隨風而去，並且為人所淡忘。因此在人性叢林裡的戰士必須要瞭解，結果比過程更重要，為了結果，過程可以委屈一些，這正是處世的柔軟與應付危機的「變」，能

「變」就能「通」，能通就能生存！

## 以退為進也是門學問

在都市中開車，常會在窄巷和別的車子「狹路相逢」，按照開車人一般有的默契，先進巷子或車先到中間線的那方有不必後退的「權利」，雖然如此，若對方後退不方便，也有人會主動放棄「免後退」的權利。誰進誰退，全憑開車人的默契和「心甘情願」。不過也有漠視開車權利，甚至步步相逼的駕駛，面對這種態度惡劣的開車人，也只能退之大吉了！否則可能就會有吵起來，甚至打起來的可能。

其實在這個社會裡，「退」也是一種求生存的妙招，它在人際互動上產生的效果有時巨大得超乎人們的想像。

我並不主張人們凡事皆退，固然「退」有其作用，但凡事皆退卻會塑造出一種退縮怯懦的個性，並且缺乏與人交鋒的戰鬥性格；雖然可以保全自己，但也會喪失很多機會！因此，「退」是一種手段與權宜，而不是目的與逃避，這是採取退的動作的人必須有的認知。那麼如何退呢？

首先，我們要瞭解「退」的意義與目的。一般來說，「退」有以下幾種目的：

1.解決問題：「退」只是為了換一個角度、換一個方向，或騰出一些空間。好比兩車相逢，有時必須自己先退以讓來車，自己才有前進的可能，或是前進無路，只好後退另走他途。這種退，純粹是技術考慮。

2.保存實力：正面對戰已無取勝可能，而且將耗損自己實力時，知此則可退，以補充戰力。

3.誘敵深入：「退」只是一種策略，主要是使對手進入一個對他不利但對自己有利的戰場，但要追得不讓對手起疑，還須講究一點技巧。

4.以退為進：「退」是一種手段，是一種姿態，也是一種交換，更是一種條件！因此退也可以換取另一種形式的補償。所以在某種情況下，退就是進；若能「退二進三」；那麼退便能獲得更大的效益。

「退」，大有學問，能妥善運用必有大的獲益；倒是當你看到對手進時，必須提高警覺，千萬不要誤認為這是你的勝利，因而得意忘形。這種誤判所導致的失敗常常是措手不及，想都想不到的！

## 把自己當成黏土

國外一位政治犯被關了二十幾年，出獄後接受記者的訪問。記者問他是怎麼度過這二十幾年的，這位堅毅的政治犯說：「我把自己變成黏土，你可以捶我撞我，捏我拉我，我會變形，可是黏土依然存在。換句話說，環境再怎麼折磨我、打擊我，我的外在會隨著改變，但我的內心依然不變，我就是我！」在社會裡，再也沒有比這更偉大的適應哲學了。

每個人一生當中都會遭遇困境，有些困境挺一挺就過去了，有些困境卻讓人感到茫然與絕望，不知何時黎明才會到來。意志薄弱的人很容易在嚴苛的環境中滅頂，喪失自己；也有人採取剛烈的手段，以硬碰硬，結果也喪失了自己，真正能改變環境的並不多！因此在困境時有「黏土」的柔軟就十分必要了。

這可分兩方面來談——

1.面對物質的困境時：你可以去做你平時看不起或不十分願意做的事。例如你失業了，可是又找不到如意的工作，為了生活，擺地攤、挑磚塊、當跑龍套等，都是可以做的。這是「黏土」的變形——雖然工作形態改變，但壯志與抱負、堅持並未磨損變質，也就是外形變本質不變，很多落難的英雄其實都是如此！

2.面對人為的困境時：你必須在這種種無法違抗的人為力量下，做他們要你做的事。可能很卑賤、很委屈自己，但這只是肉體上的屈服，你的意志並未屈服，你的原則並未改變，這也是外形變而本質不變！像有些偉大人物遭到冤獄或陷害時，用的都是這種方法；他們甚至可能裝瘋賣傻，但是他們其實比誰都清醒！

也許有人會認為，做一團「黏土」太沒志氣。看起來的確如此，可是當無力改變環境時，也只能儘量保持「我」的存在，否則「我」消失了，還能談什麼理想與抱負呢？一個鐵錘下來，石頭會碎裂，可是黏土卻吸納了鐵錘的力量，不但沒有碎裂，反而還包住了鐵錘，這種力量，才是最可畏的啊！

也許你尚未遭到困境，不過人際關係上多多少少也會遇到一些不愉快，那麼，就做一塊黏土吧，讓其他人感受到你的柔軟、你的接納與包容，千萬不要做一個石頭，黏土可以變回原形，可是石頭裂了，就再也補不回了。

## 使用「保護色」的學問

在動物世界裡，「擬態」和「保護色」是很重要的生存法寶。「擬態」是動物或昆蟲的形狀和周遭的環境很像，讓人分辨不出來。例如有一種枯葉蝶，當牠停在樹枝上時，褐色的身體就像一片枯葉。「保護色」就是身體的顏色和周遭環境的顏色接近，當牠在這個環境裡時，天敵便不易找出牠來。蚱蜢好吃農作物，牠的身體是綠色的，這顏色便是牠的保護色！因為「擬態」和「保護色」，所以大自然的各種生物才能代代繁衍，維持起碼的生存空間。而一般來說，會擬態的往往兼具有保護色，因此又會擬態又有保護色的，生存條件當然比只具有保護色的好。

在人的世界裡，也是有「擬態」和「保護色」的行為，最具體的例子便是間諜。從事這種工作的人要隱藏自己真正的身份，並且要避免被人識破，他們所使用的「擬態」和「保護色」就是在角色扮演上儘量和周遭人接近，讓人分不出他是「外來者」。所以間諜要出任務時，都要先融入當地的生活，穿當地人的衣服，說當地人的話，吃當地的食物，惡補當地的歷史、民俗，為的是把自己「變成」那裡的人，以免被人辨識出來。這就是人類對「擬態」和「保護色」的運用。

你不是間諜，也不大可能有機會當間諜，可是在社會裡，你有必要對「擬態」和「保護色」有所瞭解，並且好好運用，尤其當你和周遭環境相較，呈現明顯的「弱勢」時，更應該好好運用這兩種每個人都有的本能。

「擬態」的特色之一是靜止不動。有保護色，又靜止不動，那麼誰也奈何不了你。因此在這個社會裡，你為了避免不必要的災禍，必須嚴守「靜止不動」的原則。也就是說，不亂發表議論，不顯露你的企圖心，不結黨營私，好讓人對你「視而不見」，那麼就可以把危險降到最低的程度。

例如：初到一個新環境，應儘量入境隨俗，認同這個環境的文化，隨著這個環境的脈搏呼吸。也就是說，遵守這個環境的「規矩」和價值觀。這是尋找「保護色」，避免自己成為與周圍環境格格不入的鮮明目標，否則會造成別人對你的排擠。如果你特立獨行，自以為是，那麼你的苦日子必定跟著到來。當你的「顏色」和周遭環境取得協調後，你也已成為這個環境中的一分子，進而達到「擬態」的效果。到了這個地步，起碼的生存環境就已經營造完成，不致發生問題了。

有些人家中被搶，是因為房子裝潢得太漂亮了，讓人一看就以為是有錢人家；有人半夜遇劫，是因為戴著名貴首飾，這是他們不知「擬態」和「保護色」的作用。相形之下，有些大富翁出門一襲粗衣，以計程車代步，了不起開輛小車，這種人就深懂「擬態」和「保護色」的奧妙。

「擬態」和「保護色」的本能是生物演進的結果，「弱者」有、「強者」也有。「弱者」是為了自身安全，「強者」是為了不讓「弱者」發覺而可能進行撲殺。大自然的奇妙，其實也一樣存在於現實社會之中。

## 培養幽默感

心理學家指出：常露出幽默的笑臉，可以顯示你是一個氣量寬宏的人，同時它還能表現出一個人對自己的才幹及事業充滿信心。相反，如果整天板著面孔一副「嚴肅相」，會使他人覺得你是一個呆板生硬、裝腔作勢、難以相處的人。幽默的人，往往使人感到其充滿了生命力，而且善於和他人打成一片。幽默的下屬，常常給上司留下一個「生氣勃勃，對工作愉快而勝任，對於前途很有把握」的良好印象。幽默感會增強人們應付各種棘手問題的信心和能力。

所以，如果你能以樂觀、幽默的方式，向他人表達你面對的困難，則會給人留下一個有信心、有能力、堅強的、可以克服困難的精明幹練的印象，你也會因此而獲得意想不到的成功。但要將自己的幽默在不熟的人面前運用得成功，還必須掌握以下要領：

1.初次相識忌幽默：與初次相識的人，在雙方還不瞭解、不熟悉的情況下，要慎用幽默。實際上，幽默通常在熟人之間運用，陌生人之間一般不用幽默的方式說話或討論問題，因為那樣做會使對方產生誤解，認為你對他的態度有失莊重，他甚至會認為你的為人輕率而不可靠。

2.避免對他人的缺點表示幽默：無論是誰，都會有一些缺點和不足，這是正常的。

對於這些缺點，無論在什麼場合、在什麼情況下，都應避免用幽默的口吻談論，因為那樣會使人感到你在取笑他，甚至會引發他的報復心理。

3.「空城計」只唱一次：有時，你會為自己一個成功的、令人愉快的幽默情節感到自豪和自信，因此，你會產生再用一次的念頭，其實這是錯誤的理解。「空城計」之所以能夠成功和被人記住，僅僅在於諸葛亮一生只用了一次。幽默，之所以能夠產生神奇的力量，也在於它不可以多次重複使用，至少不能夠在同一場合、針對同一物件重複運用同一內容的幽默。

4.幽默的取材範圍：開玩笑，需要笑料，而幽默也需要幽默的素材。正如喜歡開玩笑的人，隨時隨地都可以找到能夠用作玩笑的材料一樣。善於採用幽默方式說話的人，其取材範圍也是十分廣泛的。簡單講，只要認為在幽默之後能夠使他人愉快，或能在幽默之中達到自己的目的，那麼，任何生活中的、工作中的、自己的、他人的、天上的、地下的幾乎所有的事情都可以用於幽默。

5.幽默要短小精悍：世界上最短的科幻小說，僅有一句話：「當地球上所有的人都消失之後，突然響起了敲門聲」。幽默的話語也應該是短小精悍的故事，過長的幽默話語，反而會令人感到不那麼幽默了，事實上，只用三兩句就能講完的幽默的話，才能收到良好的效果。

6. 幽默的方法：幽默，是人的一種超常思維活動，因此，幽默的方法，也必須是一種超常的方法。常用的主要有以下幾種

(1) 正話反說。

(2) 反話正說。

(3) 明知故犯。

(4) 自我嘲笑。

(5) 旁敲側擊。

## 小細節大學問

「大事由小事入手」，這話沒有說錯。當我們要處理一件事情時，就必須從細微的地方做起。而一般人常常會犯的毛病，就是只會顧大事，而忽略了看似無關卻

是有關的小事，結果便直接影響到大事情的發展。

我們待人接物，應顧及微小的禮節，但這並非叫你去用卑下諂媚的手法去博取他人的歡心，而是你自己應對別人尊敬有禮。

譬如你跟一位朋友談話，即使你當時覺得對方發表的意見是絕對無理或有錯誤，你也不應該不顧全別人的面子而即時加以駁斥。假如這件事情不大相干的話，你應該忍耐一點，要尊重對方，甚至鼓勵對方發表自己的意見。

對方說話時，你也不妨讚賞他幾句，這並不是給他戴高帽子，而是每一個人都有希望別人讚美自己的心理。談話時，你不妨施用你的「靈機」來迎合對方，例如這位朋友喜歡跳舞，那你不妨談一點「跳舞經」。切勿談及對方不喜歡的話題。這是在對話時應注意的重要小禮節。

又或者當你請一位朋友回家吃飯時，傭人偶然把菜燒焦了，或因不小心打壞了東西，你無須立即加以責罵，同時亦不用頻頻向對方表示歉意。你要知道這會使對方尷尬而感到侷促不安的。

當你的朋友吸菸時，煙霧可能彌漫全室，這時，你不應該立即打開窗，而應以婉轉的詞句，例如說天氣悶熱、空氣不佳等，然後才漫不經心地打開窗子。這樣，既不會令別人太難為情，而你自己也做到見機行事的禮節，這不是一舉兩得嗎？

記住：在家接待客人，對禮節反而無須過分認真，要使對方感到好像在他自己家裡一樣。當吃東西時，別人吃少吃多，是有他自己一套標準的，不要勉強別人。否則，反而使別人不好意思，有渾身不自在的感覺。

## 深信自己會成功的人，必會成功

去年，我曾和許多行業失敗的人會談。我聽了很多失敗的理由和藉口，從他們說話中我可以洞察他們之所以失敗的原因。失敗者常會不經意的說，老實說「我根本不認為我會成功。我早就知道是不可能的。」或者「事實上失敗早在我預料之中。」、「好吧，我去試，可是我不認為會成功。」這種消極的態度是造成失敗的原因。

否定自己是種消極的力量，當你否定自己或懷疑自己的能力時，心中自會產生理由認同你的否定。懷疑、不相信、潛意識認為一定會失敗以及並不真正渴望成功，是大部分人之所以失敗的原因。懷疑自己能力的人，註定要失敗。樂觀自信的人，則必定會走上成功之路。

一位年輕的小說家最近和我談及他的寫作抱負，提到了一位知名度頗高的作家。

他說：「X先生是位了不起的作家，當然，我是不可能有他那種成就的。」他的想法令我非常失望，因為我認識他所提的那位作家。事實上，他除了非常自負外，既不十分聰明，也不特別有悟性，更非在其他方面有高人一等的表現。只是他自負是個名作家，所以表現出來的姿態就像大作家的樣子。

尊敬前輩是應該的。向他學習，觀察他，研究他，但不要崇拜他。相信你可以超越他，相信你比他做得更好，那些保持次等人心態的人，永遠只能做個次等人。

信心好比是左右我們一生成就的度量衡。一個原地踏步平庸的人，他相信自己沒有什麼本領，所以獲得的成就也少。他相信自己成不了大事，所以他也就沒有成就什麼大事。他認為自己不重要，所以他扮演的始終是可有可無的小角色。等時間過去，從他的談吐、走路、行為等，都顯示出他缺乏信心。除非他往上調高自己的信心量度，否則他會畏縮，妄自菲薄。同時，自輕者人必輕之，連他自己都不相信自己，別人更不會相信他了。

# 第2章

# 在險惡叢林裡<br>當一隻悠哉自在的小白兔

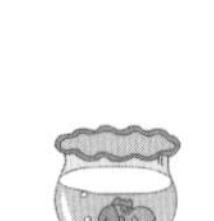

## 「婦人之仁」只會拖垮你

有一則這樣的寓言：

一匹狼跑到牧羊人的農場，想撲殺一隻小羊來吃。牧羊人的獵犬追了過來，這隻獵犬非常高大兇猛，狼見打不過也跑不掉，便趴在地上流著眼淚哀求，發誓牠再也不會來打這些羊的主意。獵犬聽了牠的話語，看了牠的眼淚，非常感動與不忍，便放了這匹狼。想不到這匹狼在獵犬回轉身的時候，縱身咬住了獵犬的脖子！幸虧主人及時趕來，才救了獵犬一命，但獵犬也流了很多血，牠傷心地說：「我不應該因狼的謊話而感動的！」

婦人的特色之一是心特別柔軟，她們容易感動，意志容易受到情緒的影響而動搖。這種特色在有孩子的婦女身上尤其明顯，因為她們全身的血液流著一種母性的愛，當孩子犯錯流著眼淚時，婦女都會抱著他，原諒他。這種愛有時顯得很沒原則，很不理性，甚至沒有是非。古人便將這種特性的愛稱之為「婦人之仁」！「婦人之仁」有時可以發揮很大的感化力量，但在這個社會，「婦人之仁」有時反而會成一個人生存時的負擔，甚至是致命傷！就像前面那則寓言所敘述的，獵犬就是因為「婦人之仁」而差點丟了小命！

當一個人有婦人之仁時，容易產生下列危險：「婦人之仁」因為容易動搖意志與理性，因此常在放棄自己立場之後，傷害了自己。例如不懷好意的借貸者，你在他的哀求之後借給他錢，結果卻一毛錢也要不回來！

一個人的惡行因為你的「婦人之仁」而獲得了寬容，但有時你的「婦人之仁」不但沒有感動他，反而讓他有另外的機會再次犯下惡行，對別人造成傷害。你的「婦人之仁」會成為你的弱點，成為人人想利用的目標。在眼淚、溫情、請求、孩子似的無辜與可憐之下，你將成為最大的受害者！

你的「婦人之仁」會弄得你對周圍的人和事的是非不分，你的「仁」反而成為人際上、前途上的負擔。因此，「婦人之仁」並不是一件好事。可是，天生有柔軟之心的人怎麼辦？難道註定在這個社會裡做個被剝削、被凌辱者嗎？這種人應該要訓練自己的思考與判斷，用理性與智慧來指引你的行為，而不要讓感情牽動你的思考。這需要時間，也需要面對「揮劍斬情絲」的痛苦，但總是要經過這種試煉，才能成長、果斷！

「婦人之仁」的風險和代價很高，如果不能去除這種感情特質，那麼也只有遠離衝突點了！

## 教你怎麼察顏觀色

當你在職場上對工作環境和自身有了初步認識，且又確立了個人目標和理想後，往後要學習的是如何應付公司內的同事，對不同類型的人的態度和處理不同事情的手法。比如察貌辨色的技巧、開會的秘訣和交際的手腕，都對你的人際關係的建立有著很大作用。

也許我們可從辦公室內同事心態說起，由於辦公室在社會學上稱為次要群體，故其特性是：

1. 非人情的。
2. 互相分離的。

3. 功利關係的。
4. 視人類為功能和角色看待。
5. 強調任務執行和角色扮演。
6. 能力和價值是平行的。

這些特點促使人們不會在辦公室內把同事、上司、下屬、客戶等視作親人看待。進而可能形成彼此互不關心、猜忌甚至互相陷害。

不過，這些行為背後往往又受到一些動機驅使，使其作出某種只為個人利益的行為，期間不免會忽視或剝削他人的權益，或作出侵犯性的行為。心理學家的理論或者可以解釋部分原因。

根據心理學理論，人是在滿足其基本需要後逐層向上攀升，尋求滿足更高層次的需要，人為了滿足以上需要，會不惜代價和手段去追尋。因此，我們承認，世途險惡，人心難測，其實也是源於人類追求個人生理或心理的需要。所以，當你不幸地遇上某位狼心狗肺的人時，請不用驚惶失措，他們只是受了個人需要影響，進而作出引起你不滿或憤怒的行為罷了！

此外，辦公室為人類帶來的緊張和壓力，同事間的鬥爭和政治手段都會為人們帶來很大心理上的緊張與不安，影響個人的健康、思想、行為甚至精神狀態，因此不必為你身邊一些不合理和不人道的事情而悲哀，儘管社會壓力和緊張情緒確實充斥在人們的生活圈子，強烈地影響人們的行為。可是，我們還是必須承認，人際關係仍然是社會生活的主題，是一種互動形態。因此，建立良好人際關係是有其必要性的。

基於社會上存在著林林總總、各型各類的人，所以很多時候也難於分辨對方是正是邪，是善是惡，尤其對一些涉世未深上班族來說，更加是丈二金鋼，一點頭緒也摸不著。不過，也不是毫無破綻的，因為，若要人不知，除非己莫為。只要對方的確有所居心，必定會在行為上表露出來。所以你必須觀察人於微，因為見微便可知著，怎麼也瞞不過自己的眼睛。

由於辦法繁多，難以有系統地歸納起來。大概有以下五種類型人作典範以供參考，若你不幸遇到以下的人，當避之為宜：

1. 笑面虎型——笑裡藏刀：我曾經說過，懂得保護自己的人才曉得做人的藝術，而笑面虎型的人可說是充分掌握這種藝術的典型。

這種人通常是無論任何時間、場合、處境，面對任何人物，上至老闆下至掃廁所的阿姨都會笑面迎人，親熱非常。原因通常不離兩個，其一是笑對他來說完全是機械性動作，那麼他的眼神將會是空洞的、無神采的；其二是笑對他來說是一種工具，一種與人溝通的媒介，故眼神往往能與說話相配合，以達到其個人目的。這種人不得不提防，原因是他太懂得保護自己了，他的動機可能是會自己鋪設人際網路，建立一個看來很堅固的社交圈，或是留下一些後路——社交支持，好使他不致孤立無援。

因此，假如你得罪了他，或是引起他的反感，他對你的評價，便有可能地影響他身邊的人對你的印象，你只要與他不和，便是自討苦吃。

有一位朱小姐，她品性純良，不通人情世故。在中學畢業後便離開校園到社會上找事做，後來找到一份文書的職務。本來這份工作平平實實，安安定定，是非常合她心意的，且她也著實做得很不錯，由於相貌娟好，言談舉止又得體，同事對她的印象也是很好的。

豈料有一日，朱小姐早上起晚了，慌忙梳洗後忘記戴上其幾百度的隱形眼鏡便上班去，她到了公司樓下，搭電梯時忽略了與正笑面迎人的黃小姐打招呼，黃小姐見朱小姐毫無反應好生沒趣，心中憤憤難平，她又怎曉得朱小姐當時是「盲妹」一名。這個誤會也可說是太深了。

自此黃小姐也不再和朱小姐打招呼了，中午吃飯時更隱隱約約向同事透露個人不滿情緒，因此，同事間便開始對朱小姐也起了反感。朱小姐不明所以，夜半無人之際黯然神傷，對工作也提不起勁，真的是上班等下班。後來才從一同事中知悉始末，但想更深一層，與其在這裡受人白眼，倒不如另謀高就。上司眼見她人際關係不和，且去意又決，也不加挽留，朱小姐便抱憾離開。

所以，對笑面虎型的人要千萬要小心，任何時候也得打醒十二分精神。雖說害人之心不可有，防人之心亦不可無，儘管黃小姐未必有加害的心，但得罪她也就等於得罪了整個圈子，實在得罪不起，否則有如飛蛾撲火，自取滅亡呢！

2.賊眼眉型——其心不正：此種人往往是賊眉賊眼，相貌猥瑣狡滑，談話間眼神不定，永遠目不正視，要探索他內心世界簡直難比登天，要是一不留神便會隨時被他暗中加害，似有陷於萬劫不復境地。一般來說，此種人多為自卑感重，嫉妒心強之輩，對於別人的正義和坦白嗤之以鼻。此種人非但不可待之以誠，且絕不宜告之由衷之言，否則必招橫禍。

此外，此種人往往其貌不揚，又表現普通，成就平庸。不過，亦因此促使他對人居心不良，隨時有加害別人之心，故此一定不可被他捉著痛腳，找到可乘之機。於此同時，即使沒有找到破綻，他亦可能會居心不正，無中生有，起加害之心。特別是當你與他利益有所衝突時，必然會引起對方仇恨，甚至只要你表現勝他一籌，觸犯了他的自卑感或嫉妒心，也必招禍。

公司來了一位新同事，由於初來乍到人生地不熟，就不得不結交公司同事，互相交流，希望建立良好人際關係，心想必然有助於其事業發展。可是，他偏偏就交上公司內為人最陰險的小李。小李為人向來深沉，時冷時熱，有時談笑風生，有時卻不理不睬，公司內同事莫不忌怕三分，退避三舍，可謂面善心不和。

新同事卻不知底細，與他經常相約舉杯暢飲，甚至將對公司制度的看法，上司為人的評價都統統告之，而且還告訴他自己個人一套獨特見解、理想、目標。小李當然面有喜色，樂於聆聽，但卻完全不相和應，更不會流露個人見解，新同事卻滔滔不絕，說個不停，還以為找到知己呢！

過了幾天，同事間已開始議論紛紛，替新同事不值。事情緣起於小李在茶餘飯後向人說出新同事的無知理論，甚至加鹽加醋，諸多潤飾，想置他於死地。

所謂好事不出門，壞事傳千里，一經傳開哪有不到上司耳裡之理，上司聽後自然火冒三丈，要擺平心中怒火自然要除去眼中之釘。為此，新同事還未滿試用期便只得打包走人。

因此，奉勸各位讀者，對人要少說多聽，提防口舌招搖，禍從口出。

3.金手指型——口是心非：當個人的權力慾、破壞慾和表現慾高漲之時，就是生人勿近的高峰，你必須敬而遠之。金手指型的人，往往是希望在其工作環境中得到權力，不惜破壞別人的既存利益，從而表現其個人優越性。這種人可說是辦公室內的危險人物，親近不得。

由於權威是群體的存在和活動中不可或缺的一環，象徵了統治和服從的關係。所以追求權威，是人之常情，不過，過分的追求必然增強他的侵犯性。

另一方面，人性也存在著破壞慾，特別是當破壞行為背後可帶來某種關係和某種利益時，就更加促使破壞行為。此外，在別人失敗的時刻，為著表現個人價值和能力，也不惜幸災樂禍，為他人的挫敗，為個人的優越而感到慶幸。

當以上三種情況集中在一起時，這種人便是極具危險性的人物，隨時可置他人於死地而面不改色。因為個人利益已沖昏頭腦，遮蔽雙眼，於是置仁義道德於腦後，含血噴人，冷箭傷人無所不為。

有一天，董事長召集行政級主管開會，我也列席其中，當他詢問各人表現和成績時，每人都謙遜地又忠實地報告自己業務。

由於其中一位同事因身體不適不在場，所以他的報告就未能即時宣佈。該同事平日表現相當卓越，成績高於其他同事，深得上司賞識，想必穩坐日後經理之位。當董事長詢問其他同事對他印象時，大部分同事均點首稱是。當然，利害衝突下自然誰也不願多讚兩句，只輕描淡寫地表示不錯。可是，其中有一位同事搖頭輕歎，看似替他有所不值之貌。董事長不解，便詢問之，該同事便顧左右而言他，再說出那缺席同事最近所犯的一宗小錯誤。董事長本也認為小事，卻怪那缺席者不肯坦誠

相告，以為他欲掩藏事實，瞞天過海，印象隨即大打折扣，認為恐怕也非經理的理想人選。次日缺席同事回來，也無人敢將事實告之，怕惹起事端，他也就被蒙在鼓裡。儘管同事們對該金手指之人甚為不滿，但也著實瞭解到物競天擇，適者生存之理，要管也管不來，為維護自身利益也實在干涉不得。

所以，假使你的同事中有此種人（就算沒有也得假設有），就要事事小心，不能給人可乘之機加諸陷害。

4.易折腰型——見利忘義：所謂易折腰其實是泛指一些腰骨韌度不足，容易受到眼前利益而放棄應有的態度和觀點，行為上因而出現轉變的一類人。

由於內在行為很難洞悉，故此種人也是較為難於辨別，但在日常交往中，也多少可看出端倪。例如此種人往往貪小便宜，凡事斤斤計較，處事見風轉舵，與同事間關係看似和諧，實則卻頗惹人反感，常是受人批評的一個人。此外，與他相交甚篤者，必然也經常被他出賣，如失約、遲到或早退等，都是他向上邀功的好材料。故絕對不能完全信賴。

此種人亦可能是「講是非」的專家，不同的是他對不同的人有不同的言論：例如對甲說乙的壞話，對乙又說甲的不是，從而建立個人交際網，以為受到歡迎。故切記：來說是非者，必是是非人，不可不防。

那麼，此種人又是基於何種動機和欲望作出如此卑鄙行徑？非他，利字當頭。權力欲和佔有欲驅使他們傷害和侵犯他人。出於安全需要的理由，自我保障也是無可厚非的。

我有一個親身經驗，多年前我有一位私交甚篤，平日下班必定一起吃飯、看戲、飲酒的同事小楊，彼此相識三載，頗為投契，成為親密朋友之一。

一日，一位張姓同事向我密告說小楊曾經在大夥兒面前數說我的不是，還將我心腹話也告知大家。張先生甚感不值，便奮勇相告，望我提防此小人。

可是，我還未有所行動時便發覺小楊已表現冷淡在先，心下大為不解，難道有人從中作梗，挑撥離間？追究之下，原來小楊從同事口中得悉上頭有一空缺，我和小楊均是理想人選，薪金增幅達百分之五十。我熟知他個性，小楊為了得失，在這利害關頭，朋友也就變成出賣的物件。但基於內心羞愧便索性來一招惡人先告狀，彷彿是我有什麼不對似的。我自然心裡有數，可是到頭來得失也是難料的。

從此，我交友審慎，不再輕信他人。

5.耳根子軟型——無定向風：人類的性格很大程度上是由環境影響；同樣，環境也可培養出不同類型的人。因此，世上有一種是完全服從環境的人——耳根子軟型的人。

這種人往往沒有個人觀點和立場，凡事人云亦云，隨波逐流，缺乏自信和自尊。任何人的言論也可以影響他的思想與行為，更甚者，他很容易受到別人利用，成為害人的工具。

在辦公室內隨時可以找到這種人的影子。無論中午吃飯、晚上看電影，甚至開會表決，他都表現得搖擺不定，無所適從，不是跟大家走便是投中立票，是常常被人忽略的一群。也許你會同情他，從而原諒他的被動，但切勿由憐生愛，冒險地與他結為摯友，因為他基本上不清楚自身行為和責任，故此也不會對個人行為負責甚至難以引起他一點內疚，因為他總有為自己辯護的理由。

像這樣的人，開會時唯唯諾諾，對每位同事的說話均細心聆聽，每到他發言時卻又言之無物，不知所以，有如夢遊仙境。久而久之，人們也就放棄聆聽他的意見。

本來，資質平庸或超凡大半是天生的，怨亦不是，罵亦不是。對於大部分上班族而言，開會、計畫書和表決已成為日常工作最重要的環節，此種人的存在就嚴重地影響工作的正常秩序。雖說此種人沒有多大侵略性和危險性，不過還是接近不得。

懶惰是人類天性之一，而服從權威正好應證了懶惰這個人性弱點。因為只要別人說話聽似有理便信以為真，聽命權威，絕對是基於個人懶惰，不作思考和判斷，也不追根究柢，找出真相，才會出現這類人的。

因此，對於此種耳根子軟型的人，只要疏遠便成，因為他們根本不會費神加害你，自然也不會構成危險和威脅。

## 克服自己的弱點

人們在社會交往和協調人際關係的過程中，常常會暴露出自身的個性弱點，尤其與同事交往中更是如此，因為同事間相對來說工作接觸多，交往頻繁。在與同事相處時怎樣才能克服自身的個性弱點，成為交際高手呢？下面幾點是需要掌握的：

1. 克服難堪：公開地被同事羞辱並不是一件可笑的事，也不是一件小事。當感情被傷害時，大多數人會感到憤怒、口吃、或臉紅。但是，這裡還有另外一種選擇，就是理智地站在那裡，控制局面。有些人故意使你難堪，是因為他們受到威脅，或是懲罰你過去曾對他們做過的事。還有些人是習慣使人難堪。但更多的狀況是如佛羅里達州立大學心理學家巴里．施倫科所說：「假定使人難堪的人有秘而不宣的動機，是不對的。」有可能這些人在沒有認識到時就傷害了你。當你指出他們的胡言亂語時，這些冒犯你的人一般都會禮節性地向你道歉。如果你受到同事的傷害，不要報以刻薄的誹謗，而是對他說明你的感情受了傷害。如果這個人繼續使你難堪，你就會知道這個人已經很難使你信任了。下一次如果還有人使你難堪，你就可以採取比較強烈的措施，當場中止他對你的傷害。對他說：「你能不能告訴我，你這樣做是為什麼？」或者說：「你看起來失去了理智，你是否對我做的什麼事感到不愉快？」不管說些什麼，一定要避免發脾氣。失去自控，會使冒犯你的人佔上風，會使他們對你更加仇視。

在生活中，面對複雜的社會，運用最好的方法是機智和幽默。曾有兩位作家舌戰的典故。其中一位作家剛剛寫完了一本書，正在接受同行們的恭維。另外一位作家在他們的談話中聽出了什麼，就站起來說道：「我也喜歡你的書，那是誰替你寫的？」這位作家說：「我很高興你喜歡我的書，那麼誰替你讀的呢？」的確，在使你難堪的情況下保持優雅的風度，才是真正的報復。

2.避免誤解：在日常交往中，經常出現自己說的話被別人誤解的時候，怎樣才能不被別人誤解呢？

(1)儘量少用話中有話的句子：例如，有人說的三句話都是話中有話，弦外之音。第一句「該來的不來」，使人想到「不該來的來了」。第二句「不該走的又走了」，言外之意「該走的沒走」，第三句「該來的沒來，不該走的又走了」，話中話是其他人既是不該來的，又是該走的。

(2)不要隨意省略主語：在一些特殊的語境中，是可以省略主語的，但這必須在雙方都明白的基礎上，否則隨意省略主語，就容易產生誤解。

(3)注意同音詞的使用：同音詞是語音相同而意義不同的詞，在口語表達中脫離了字形。所以同音詞用得不當，就很容易產生誤解。

(4)說話注意適當停頓：書面語借助標點把句子斷開，以便使內容更力具體、準確。在口語中我們要借助停頓，使自己的話更明白、動聽，減少誤解。

3.擺脫煩惱：美國著名工程師卡利爾發明了一種擺脫煩惱的方法，共分為三個步驟：第一步，平心靜氣地分析情況，設想已出現的困難可能造成的最壞結果。第二步，對可能出現的最壞後果有了充分估計之後，應作好勇敢地把它承擔下來的心理準備。應對自己說，這一次失敗會在我人生中留下不光彩的一頁，從而影響我的晉升，甚至丟掉工作。可是即使在這裡把工作丟掉了，還可以在其他地方找到事做，我還可以東山再起。第三步，等心情平靜之後，即應把全部時間和精力用到工作上，以儘量設法排除最壞的後果。只要我們能冷靜地接受最壞的情況，那麼我們就沒有任何東西可以失去了。這自然意味著我們只會贏得一切。卡利爾說：「當我準備心甘情願領受最壞的結果時，立即就會感到輕鬆了，心中出現好多天來從未有過的平衡，於是我又能正常地思考了。」

4. 避免偏見：有許多事情單靠親身體驗是解決不了的。這種情況下，大部分的人只憑主觀判斷，而往往自以為千真萬確。下面的方法可以使你覺察到你的偏見。

(1) 如果截然相反的意見會使你大動肝火，這表明，你的理智已失去了控制。假如有人堅持認為二加二等於五，或者冰島在赤道上，你根本不會發怒，只是對其無知感到惋惜，只有那些雙方都沒有令人信服的證據的事情，爭論才會激烈。因此，無論何時都要注意，別聽到不同的觀點便怒不可遏。通過細心地觀察，你會發現你的觀點也不一定與事實相符。

(2) 如果你的想像力很豐富，那你不妨假設一下自己與持不同觀點的人進行辯論。這種方法不受時間和空間的任何限制。在這種假想的辯論中，有時你會發現，對手的觀點比自己正確，於是，自己改變了原來的武斷看法。

(3) 不要將自尊過於放大。無論男女，十有八九深信自己比異性優越，雙方都有充分的根據。實際上，這種問題也難定論。不過大部分人在這一問題上是自尊心在作怪。其實，判斷誰好誰壞這一問題並沒有絕對的標準。人類本身有一種過分的自尊。排除這種夜郎自大的心理狀態唯一的辦法是提醒自己：地球只是宇宙天體中

一顆不足為奇的小星星，而我們生長在地球的滄桑變幻過程中只是一首瞬間即逝的小插曲而已。

5. 戰勝孤獨：每個人都有孤獨的時候，但並不是每個人都能戰勝孤獨。如何戰勝孤獨呢？

(1)戰勝自卑：總覺得和別人不一樣，所以不敢和別人接觸，這是自卑心理造成的一種孤獨狀態。和作繭自縛一樣，要衝出這層包圍著你的黑暗，必須首先咬破自卑心理織成的繭。

(2)與外界交流：當你感到孤獨的時候，翻一翻你的通訊錄，給朋友寫信或打電話，或者約朋友看電影、吃頓飯，都會使你減輕孤獨感。

6. 克服失意：以下是三種「失意類型」的人：第一種是「自負型」。這類人優越感很強，期望很高，總想出人頭地，達不到目的就會怨天尤人。但他們的願望往往是不切實際的。第二種是「自卑型」。這種人剛踏入人生旅途就遭到嚴重挫折，結果導致他們用凡事往壞處想的方式來對抗更大的挫折。第三種是「默從型」。這類人過分注重輿論，無論做什麼事都要先考慮：「我怎樣才能使人們說我好呢？」而結果往往適得其反。失意與不滿，怨恨與煩惱的罪魁禍首就是過高的期望。克服失意的關鍵是要清醒地認識到，並非所有的願望都能實現。我們的願望可能大大超出了事情的可能性，失意往往由此產生。我們如何才能從失意中恢復過來？首先要承認自己的痛苦，不要隱瞞起來。其次是設法超越失敗。最後，失意會變成一種積極的經驗，給我們一個聰明的教訓。失意能提醒我們修正過高的期望，使我們的一切願望盡可能地符合實際。

## 不做軟弱可欺的人

你感到經常受到壓制，被人欺負嗎？人們是怎樣對待你的？你是不是三番五次地被人利用和欺負？你是否覺得別人總占你的便宜或者不尊重你的人格？人們在訂定計畫的時候是否不徵求你的意見，而覺得你會百依百順？你是否發現自己常常在扮演違心的角色，只因為在你的生活中人人都希望你如此？你想改變這種處境嗎？

韋恩．戴爾指出：「我從訴訟人和朋友們那兒最常聽到的悲嘆所反映的就是這些問題。他們從各種各樣的角度感到自己是受害者，我的反應總是同樣的：『是你自己教別人這樣對待你的。』」玫爾來找韋恩，因為她感覺自己受到專橫的丈夫冷酷無情的控制。她抱怨自己對丈夫的辱罵和操縱逆來順受。她的三個孩子也沒有一個對她表示尊重。她已經走投無路了。

她對韋恩講述了她的身世。韋恩聽到的是一個從小就容忍別人欺負的人的典型例子。從她性格形成的時期開始，直到結婚為止，她的行動一直受到她的極端霸道的父親的監視。沒想到她的丈夫「碰巧」也和她的父親非常相像，因此婚姻又一次把她推入陷阱。

韋恩對玫爾指出：「是她自己無意之中教會人們這樣對待她的，這根本不是他們的過錯。」她不久就理解了，那麼多年她一直是忍氣吞聲，實際上是自己害了自己，她的任務應當是從自己身上而不是從周圍環境來尋找解決問題的方法。玫爾的新態度就是設法向她的丈夫及孩子們表明：她不再是任人擺佈的了。她丈夫最拿手的一個伎倆就是向她發脾氣，對她表示嫌棄，特別是當孩子們或者其他的成年人在場的時候。過去她總不願意當眾大吵一場，因此對丈夫的挑釁總是毫無辦法。現在，她要完成的第一個任務，就是理直氣壯地和她丈夫抗爭，然後拂袖而去，當孩子們對她表現出不尊重的時候，她堅決地要求他們有禮貌。

在採取這種更有效的態度幾個月之後，玫爾高興地向韋恩說：她的家庭對她的態度發生了很大的變化。玫爾通過切身經歷瞭解到，的的確確是自己教會別人怎樣對待自己的，三年之後的今天，她已經很少再被別人欺負、被人不尊重了。

玫爾還懂得了自己解救自己的關鍵是：用行動而不是用語言去教育人。如果你打算通過一次冗長的討論來讓人理解你不願再受侵犯的重要資訊，那麼你得到的好處將僅僅侷限在你和欺負你的人之間的談話過程中，也許你還會和欺負你的每一個人進行多次「交流」，但是必須等到你學會了有效的行動方式，否則你仍然會受到煩擾。這就證明，你的表明決心的行動勝過千百萬句深思熟慮的言辭。

韋恩指出：「許多人以為斬釘截鐵地說話意味著令人不快或者蓄意冒犯。其實不然，它意味著大膽而自信地表明你的權利，或者聲明你不容侵害的立場。」

湯尼和店員打交道時總是缺乏膽量。由於害怕店員不高興，他常常買回自己不想要的東西。他正在努力使自己變得更果斷一些。一次，他去商店買鞋，看到一雙自己喜愛的鞋，就告訴店員，他要買下這一雙。但是，正當店員把鞋裝進鞋盒的時候，湯尼注意到其中一隻的鞋面上有一道擦痕。他抑制住自己當下即將萌生的不去計較的念頭，並說道：「請給我換一雙，這隻鞋上有擦痕。」店員回答道：「行，先生，這就給您換一雙。」這個時刻對於湯尼一生來說是一個轉捩點，他開始鍛煉自己果斷行事。新的處世方法的報償遠遠超過了買到一雙沒有擦痕的鞋子。他的上司，他的妻子，以及孩子們和朋友們都感覺到，他變成了一個新的湯尼。他不再是一味應承的了。湯尼不僅更經常地得到己所欲求的東西，而且還獲得了不可估量的尊敬。

下面就是一些策略。你可以運用這些策略來告訴別人如何尊重你。

1. 盡可能多用行動而不是用言辭做出反應：如果在家裡有什麼人逃避自己的責任，而你通常的反應就是抱怨幾句然後自己去做，下一次就要用行動來表示，如果應當是你的兒子去倒垃圾而他經常忘記，就提醒他一次。如果他置之不理，就給他一個期限。如果他無視這一期限，那麼你就不動聲色地把垃圾倒在他的床頭。一次這樣的教訓，要比千言萬語更能讓他明白你所說的「職責」的意思。

2. 拒絕去做你最厭惡的、也未必是你職責的事：兩個星期不去打掃房間或者洗衣服，看看會發生什麼情況。如果你能付得起錢，就請個人幫你做，要嘛讓家裡其他的成員自己動手照料自己。一般來說，家裡一切家事都由你做，僅僅是說明，你已經向別人表明，你會毫無怨言地做這些家事。

3. 斬釘截鐵地說話：即使是在可能會顯得有些唐突的場所，毫無拘束地對服務生、店員、陌生人、秘書、計程車的司機說話，對蠻橫無禮的人以牙還牙。你必須在一段時期內克服你的膽怯和習慣心理。你必須心甘情願地邁出這第一步。記住：千里之行始於足下。

4. 不再說那些招引別人欺負你的話：「我是無所謂的」，「我可沒什麼能耐」，或者「我從來不懂那些法律方面的事」，諸如此類的推託之辭就像是為其他人利用你的弱點開了一張許可證。當服務生計算你的帳單時，如果你告訴他你對計算一竅不通，那你就是暗示他，你不會挑什麼「錯」的。

5. 對盛氣凌人者以牙還牙，冷靜地指明他們的行為：當你碰到吹毛求疵的、好插嘴的、強詞奪理的、誇大其詞的、令人厭煩的以及其他類似的欺人者，冷靜地指明他們的行為。你可以用諸如此類的話聲明：「你剛剛打斷了我的話」或者「你埋怨的事永遠也變不了」。這種策略是非常有效的教育方式，它告訴人們，他們的舉止是不合情理的。你表現得越平靜，對那些試探你的人越是直言不諱，你處於軟弱可欺的地位上的時間就越少。

6.告訴人們，你有權利支配自己的時間去做自己願意做的事：從繁忙的工作中或是熱烈的場合中脫身休息一下是理所當然的。把你支配自己休息和娛樂的時間視為是無可非議的，這是不容他人侵犯的正當權益。

## 帶著微笑全力拚搏

在職場上，當上司交給你一件重要工作時，你身邊有許多人看著你怎麼做，包括上級、同事、下屬、合夥人、股東、親友、敵人等。你要在這些人面前證明你是能應付自如的！尤其是對與業務或事業直接有關的人，例如上司。你要讓上司「跌破眼鏡」！你順利完成任務，不僅證明你有足夠的辦事能力，還證明上級判斷準確，眼光獨到，找對了人選。你證明自己辦事能力強，又令上司感到自豪，機會就會源源不斷地到來，要達到上述效果，沒有其他捷徑，只有帶著微笑去努力一拚，「肯拚肯搏」是創造成績的重要方法。能夠拚出成績的工作，必定是比較困難和複雜的，否則就無法證明你的辦事能力！而這就要你付出加倍努力。

名人似乎總有與眾不同之處，微軟公司總裁比爾．蓋茲是個典型的工作狂，這種特質從他的湖濱中學時期就已表現得淋漓盡致，無論是在電腦機房鑽研電腦，還是玩撲克，他都是廢寢忘食，不知疲倦。有時疲憊不堪的他會趴在電腦上酣然入睡。蓋茲的同學說，人們經常在清晨時發現蓋茲在機房裡熟睡。在創業時期，除了談生意、出差，蓋茲就是在公司裡通宵達旦地工作。有時，秘書會發現他竟然在辦公室的地板上鼾聲大作。不過為了能休息一下，蓋茲和他的合夥人艾倫經常光顧晚間電影院。「我們看完電影後又回去工作。」艾倫說。商場如戰場，對蓋茲來說，他必須勝利，所以他必須要努力工作。蓋茲之所以會成為當今電腦世界的顯赫人物，與他的勤奮努力是分不開的。

帶著微笑全力拚搏，不但是對賞識你的人負責，也是對自己負責。從此刻起就改變你的工作態度，正式踏上你的創業征途吧！如果你工作不夠努力，工作做得不夠好，為了自己，全力拚搏吧！

帶著微笑去拚，本身就是一種樂趣。工作是快樂的一個源泉，投入全部精力去做，是掘深這個源泉的最佳方法。當你全力拚搏時，你感到自己有用，生活充實，你的智力、體力、意志等全都燃燒起來；整個人像充了電的機器渾身是勁，充滿自信。由於集中精神工作，沒有時間胡思亂想，也就減少了無謂的煩惱。

帶著微笑全力工作的態度，流露出來的工作熱忱，具有強大感染力，令你身邊的人仿效你，也全力投入工作。你建立權威，不僅因為你證明自己辦事能力強，也由於工作熱忱感染別人，引起別人對你的敬重。

## 訓練口才，加強影響力

每個人對同一件事往往有不同的看法。在人際關係的交往上，如何施展你的口才和影響力呢？下列辦法可供你選擇。

1.開門見山：對待一些性情直率、志趣相投、有一定交情的朋友可用此道。如果對他們拐彎抹角，反而令他們不快。

2.利弊比較：如果單一件事確有不利的一方面，你在說服別人時不要迴避弊端。如果不說，對方以不利一面來反駁你，反而使你難堪。

3.因勢利導：如果在職場上，上司對某件事情十分固執，不要強行勸說，他會認為你是在冒犯他的權威。為了自己的尊嚴，他會把你拒之千里，你需要從別的話題談起，解除他的警戒，由此及彼，作類似性的誘導，並適時說出你的意圖，這樣往往能成功。

4.讓對方有思考的餘地：講清道理，分析完問題的關鍵就不必說下去，讓對方動腦思考。這就避免了強加於人。如果一次未能說服，不要弄僵，要留有餘地，防止對方把話說絕。

5.利用好時間：人的情緒在激烈的商務活動中變化是很大的。你一定要找個好時間去開展你的說服工作。你可以向他的身邊工作人員打聽他近來的心情如何。在他處理急事時不要去找他；在他用餐時不要去找他；在他的週末或剛度假回來時不要去拜訪。如果你很難找到好機會，不妨以書面形式向他提出意見。在你的意見中，不要只有批評，應該加上你對問題如何解決的措施建議。

## 自信三要訣

擁有並培養自信心的要訣有三：

1. 想你會成功，不要想你會失敗：無論做什麼，都想會成功。遇到困難，想「我一定能克服」，不要想「我完了」；和別人競爭，想「我比他好」，不要想「我比他差」。機會來臨，想「沒問題」，讓你的思想充滿著「我一定會成功」的信念，成功的信念激發你想出邁向成功的計畫。失敗的想法則正好相反，想你會失敗將使你生出步向失敗之路的思想。
2. 不時地提醒自己，你比你想像中的要好：成功的人不是超人，成功也不需要特別的才智，成功並不神秘，也並非靠運氣。成功的人只是那些能自信，相信自己一定會成功的普通人。千萬不要自貶身價。

3.立大志：成功的大小取決你對自己信任的態度。你的目標立的小，所得的成就也就小；你的目標立的大，所得的成就自然也就大。另外記住一點：大抱負、大理想比小抱負、小理想雖然更難實現，但只要不懈努力，也終究會實現的。

那些在工商管理、推銷、工程、宗教、寫作、演藝以及各方面有成就的人，都是按部就班，持之以恆地照自我成功的計畫實行。

任何訓練計畫必須包含三方面：第一必須要有心，教你要做些什麼；第二要有方法，教你怎麼去做；第三要經得起檢驗，得到結果。

為成功而做的自我訓練的第一步，就是學習成功者的技巧，看他們如何管理自己，如何克服困難，如何贏得他人的尊敬，和普通人有什麼不同，怎麼思考。

接下來，則是一連串指南。這些指南你在每章都能發現，它們非常有用，試著應用於實際生活，然後看發生什麼樣的效用。

至於訓練計畫最重要的部分——結果。籠統地說，就是只要確實照著這個計畫去做，那些現在看來不可能的事，都會變成可能。如果細數，它將會帶來一連串的回報，包括你家人的尊敬、朋友的羨慕、自我良好的感覺，還有地位、薪水以及生活水準的提高。

你的訓練完全是自己擬定的，沒有人會站在你的身邊告訴你要做什麼以及如何地去做。但只有你自己最瞭解自己。只有你可以命令自己去應用這個訓練，只有你可以評估你的進展，只有你可以糾正你自己的缺點和失誤。簡單地說，只有靠你自己一步步地邁向成功之路。

你會不會覺得奇怪，人與人相處，卻不明瞭那些人為什麼要那麼做。這裡有兩點特別的建議，以期幫助你成為一個受過訓練的觀察者。首先，在你認識的人中，各選一個最成功與最不成功的人，然後參照本書所講的，仔細觀察你成功的朋友如何堅守他的成功原則。同時去注意研究這兩個極端。

每當你和人接觸一次，就多一次機會瞭解自己的進展，你的目的是讓成功的言行變成習慣性。我們練習的機會愈多，也就愈能得心應手。我們每個人都有喜歡養花蒔草的朋友，也都聽他們說過類似的話：「看這些花花草草生長是件興奮的事；看它們吸取營養、水分後的反應；看它們今天比上星期又長了多少。」人類細心照顧大自然的結果令人興奮。但遠不及你經過自我訓練後的成績令人陶醉。

# 第3章 成功之前拿好盾牌別受傷

## 防人之心不可無

人都有善惡之分。荀子在論人性時說：「人之性惡，其善者偽也。」意思是說：人的性質如果看來是善的，那是他努力裝扮成這樣的，人性本來就是惡的。人性究竟是善還是惡，絕非三言兩語能夠說清楚。但是，在現實生活中與同事打交道時的確要謹慎小心，特別是對那些難相處的同事，你不妨把他看成是防範的對象，多考慮一些防患對策，以防萬一，否則待事情發展到糟糕程度時就為時已晚。

一般人都不喜歡謀略意識強烈的人，也就是心眼太多的同事。然而，在現實生活中與職場上，欺騙、狡詐的人大有人在。因此，與其說欺瞞他人是不正當的行為，倒不如說你吃虧上當是因為太單純，大意失荊州了。

人生從某種角度看也是一場戰爭，為了求生存，必須要有慎重的生活方式和態度，這樣才不至於上某些居心不良的人的當，因而吃大虧。當然，為人並不需要自己去欺騙別人，但是，對善於到處設陷阱和圈套利用他人的人，你必須小心提防。

我們不主張整日與人對峙，做「好戰」之徒。但是，想要成大事，就要有點防身之術，而且應該常備不懈，一旦有難相處的人侵害自己的正當利益，妨礙自己的事業或人生，在警示無效的情況下沉著應戰時，千萬注意，莫忘防身。

下面，我們列舉一些在工作和生活中應該重點防範的對象。

我們常喜歡說：「害人之心不可有，防人之心不可無。」這句話固然有其狹隘的地方，會使人變得謹小慎微、毫無磊落氣度。但這句話也並非毫無道理。與某些同事交往，不可無防人之心。

小周剛畢業時，對未來充滿了憧憬，恨不得一下子就獲得成功，所以幹起活來格外賣勁。試用期過後，小周與張全一起分到了行銷部，因為他們同歲又同時進公司，所以很快成為了好朋友。在工作上更是無話不談。可是沒想到，後來小周竟成為張全加官晉爵的墊腳石。

原來，經過一年多的友好相處，張全處心積慮地搜集各種「有利證據」，比如小周某月某日說總經理的髮型很老土，他都會在「適當」的時刻向總經理「不經意」地說漏了嘴。後來當小周得知總經理為什麼對自己的印象這麼差的時候，他發現自己被出賣了。雖然小周很憤怒，但經過仔細考慮，發現要和張全翻臉爭鬥下去實在太累了，而且在這樣一位愛聽小人讒言的總經理手下工作也沒什麼意思，於是不顧家人的勸阻毅然地辭了職。

這一次，初生之犢的小周對「防人之心不可無」這句話可謂大徹大悟。以後再碰到這種人，小周都會敬而遠之，並且也不輕易在辦公室裡談論自己或其他人的閒事了，畢竟古人說禍從口出不是沒道理的。在這方面存著一點防人之心，也是不算過分的。

有防人之心不等於對人一概存有猜忌、懷疑之心。所謂的「防」，就是不說不該說的話，不說不利於同事之間友好的話；不做不該做的事，不做不利於同事友好的事。

有些同事處處為自己的利益著想，他有時可能會把自己得來的不正當的利益分一部分給你，但當他的不當行為被發現之後，就把你拋出去當代罪羔羊。應特別警惕。也有的同事，總會利用你，假裝跟你套交情、拉關係，以表示他對你的信任，而你有可能以為碰上了好同事而心存感激，無所防範而他們卻借與你接近之機收集你的隱私，造成你和他人之間的各種矛盾。對此不可不防。

## 必不可少的防騙術

在商業活動中，為什麼欺詐行為防不勝防？儘管各個單位採取了一系列措施，但成效並不理想。對此，不少人做過各種分析。我們認為，人們大都忽略一個重要因素——沒有提高警戒，應對欺詐行為的能力。

行騙者與受騙者是對立的統一。世上沒有行騙者，哪會有受騙者；而沒有受騙者，行騙者也沒有立足之地。巴爾扎克曾說過：「傻瓜旁邊必須有騙子。」這話並不一定說凡受騙的都是傻子，但這話卻講出了騙人的與被騙者之間的辯證關係。人們之所以受騙，總有其受騙的原因，或者說，受騙是由於沒有必要的防騙能力。因此，要想不受騙，就必須提高你的防騙能力。

概括來說，要想制止假冒欺騙活動，僅靠國家加強立法是不夠的，關鍵在於提高廣大人民的防騙能力。如果廣大人民都提高了防騙能力，則假冒欺騙活動，必會處處碰壁；如果行騙者成了過街老鼠，人人喊打，騙子就會失去生存之地。因此，提高防騙能力至關重要，這不僅有利於你自己不受騙，而且也是改變社會風氣必不可少的條件。

什麼是防騙能力？簡單來說就是防止、避免受騙的能力。這種能力，我們是從思維方法、科學方法論的角度講的。並不是指一些具體識別各種商品真偽的能力。例如銀行行員識別假幣，酒廠技術員識別假酒的能力，那是各行各界的專業人員具有的專門能力。我們這裡要講的是在正確思維方法指導下防止受騙的能力。

現在要問：受騙能夠防止嗎？我們的回答是肯定的。一個人只要深入調查，思考，不為小利所動，並能嚴格按照規則程式辦事，就可以防止受騙，或者說可以少受騙，避免受大騙。

房地產業在香港可稱最大的交易。有一次，某公司到香港與某大廈的賣主接洽，剛開始整座樓房的開價是一億七千八百萬港幣，買方認為偏高，經過幾次洽談，雙方各持己見，於是商定第二天下午繼續談判。隔天，他們在一間會客室商談。忽然有幾個大亨打扮的人走進來，神秘地與樓房賣主說話，雖然聲音壓得很低，但仍可以聽見說的內容，請賣主用一億八千萬元成交。賣主將來人打發走之後，對買方人員說：「剛才說的話，你們可能聽到了，他們開價一億八千萬我都不答應，而給你們一億七千八百萬，這是考慮到我們已洽談多次，而你們的誠意我們又深刻體認到，所以我們應表現一點退讓的。」因為買方早聽說有買樓房被詐騙之事，所以看到港方的活動，仍不為之所動，經事後瞭解，來的幾個大亨原來是賣主一方的人，這是他們僱請的掮客，以此誘騙買方上鈎。但買方事先聽說有賣樓房詐騙之事，有所防範，才未上當。由此看來，在與他人交易過程中，如果事先有思想準備，能時時事事提防，則可有效地防止受騙。

要防止受騙，還需要具有一定的識騙防騙能力。騙子騙人要掩蓋其騙人的真面目，總是以某種假象出現；然而，假象也是事物本質的表現。在商業活動中，騙子也不過如此，假的總是假的，再高明的騙子也是有漏洞可察的，何況有些騙子並不高明。要防止受騙，一是要有一定的警覺，有較高的防騙意識；二是由於要有一定的識騙能力，採取調查訪問的方法，弄清事情真相。這種防騙能力，並非有多麼高明，這是人人都可以做到的。

## 提防故意激怒你的人

之所以有人要激怒你，可能是出於兩種不同的原因。

一種人，為的是自我摧殘，為的是要自害自誤，拿自己出氣；另一種人，為的是要害你，為的是要使你陷於不利的被動的地位，為的是要逼迫你做出不合理的舉動，或是說出不合理的話，使你出糗丟臉，使你失儀失態，使你成為被譏笑、或被批評攻擊的對象。

在遇見這種事情時，也需要高明的第六感，分辨出兩種不同的動機。但無論如何，對這兩種人，都是不宜吵架的。無論對方如何可惡，還是要保持冷靜，不生氣，不發火。不要做那種一觸即發的人。這種人，往往最缺乏ＥＱ，別人一句話拋來，立刻就爆發，立刻就火冒三丈。請想想看，那些人擺明了是胸有成竹，佈置好了陷阱用話來激你，氣你，就是要你跳到陷阱中去。你為什麼要上他們的當呢？

還有一種人，也是不宜於跟他吵架的。這種人，他平時是比較講道理的，而且一直對你的印象還好，甚至於有比較密切的來往。

忽然，有一天，他氣勢洶洶地來找你，向你說些無理、無禮的話，態度惡劣、脾氣暴躁。照一般的情形，你完全有理由對之不理不睬，或者以牙還牙，以眼還眼，用不客氣的態度，來針對他的不客氣的態度。然而，如果你能夠運用技巧，考慮一下，他平時的為人怎樣，過去對你怎樣，你立刻發現，與他還是以不吵架為佳。因為這個人，平時很講道理，而且對你也很好，這時他可能是受了別人的挑撥或是聽到有關於你的不正確的消息或意見，如果這時你因為受了他們的刺激立刻跟他吵了起來，那就可能中了奸人之計，上了挑撥者的大當。

在朋友之間，同事之間，親人之間，以及團體的成員之間，有時就有一些別有用心的分子，專門製造一些摩擦、破壞團結的事情。因此，在這方面，我們也要時時提高警惕，不要上這些壞分子的當。在我們忍不住要跟別人吵架的時候，我們一定要運用我們的分寸感，分辨一下當前的具體情況。

還有一種人，也是不宜於跟他吵架的。這種人，耳根子軟，性子急，頭腦簡單，心理複雜，好起來，跟你打得火熱，可是一碰到閒言閒語，或是對你有什麼誤解的地方，他就忍不住對你大起疑心，或者大發脾氣。這種人，完全沒有必要跟他吵架。

相反的，只要你夠鎮定，胸有成竹，對他做一些解釋，加上你的誠懇、好意，再加上一點安慰和鼓勵，大概不用多少時間，他的火氣就會煙消雲散，甚至會化怒為喜。

## 面對刁難的時候該怎麼辦

一般來說愛刁難的人說出的話和行為方式都咄咄逼人。這類人基本上都是有備而來，或是對自身條件估計得比較充分，非常自信能夠戰勝你。他們通常針對你的要害施以猛烈攻擊，逼使你處於被動地位且無招架之力。那麼，對這類人究竟應該怎樣應對呢？

守中有攻，這是使自己能站穩腳跟的最佳辦法。在古代的哲學或兵法中，有關這方面的論述很多，我們每個人也許都有這方面的經驗。這種方法說白了就是先把拳頭藏起來，等候時機，時機成熟了，看準了對方，再猛烈打過去。

守中有攻一般在下列兩種情況下使用極為有效。第一種情況是等到對方不能自圓其說的時候，這時你就應該反攻了。我們知道這類人在一開始會咄咄逼人、鋒芒畢露，也許你根本找不到他的破綻。但是你應該抱持著這麼一個信念，他的鐵甲再厚實堅硬，總有能下手的地方。只要你注意觀察、瞄準時機，一旦其鋒芒收斂，想作喘息的時候，這就是個機會。

第二種是當對方已是黔驢技窮的時候。這時對方已經把要進攻的炮彈全部發射完畢，而後發現，他連你的「傷口」部位還沒找到。這就是所謂的「黔驢技窮」。他技窮之時，也是你反攻之時。

愛刁難的人最大的特點是總想使別人難堪，以顯得自己聰明、能幹，假如對方的問話是你所必須回答的、不能推脫的，而又是對方跟著你的思路走時，你可以裝作退卻。待對方乘機逼過來，你把他帶得遠些，讓他完全進入了圈套，然後再回過頭來對他反擊。

戰國時，韓國的使者史疾來到楚國。楚王問他：「貴客信奉何種方術？」

史疾答道：「我研究列禦寇的學說。」

「您推崇什麼道理呢？」

「推崇正名。」

楚王問出興趣來，繼續問道：「正名能治國嗎？」

史疾說：「可以。」

「用正名的方法如何防範強盜？」楚王這樣問倒有詭辯之嫌了。

此時，恰巧有隻喜鵲停在屋頂，史疾便反問道：「請問楚國人把這種鳥叫做什麼？」

楚王回答：「叫做喜鵲。」

「稱作烏鴉，可以嗎？」

「不可以。」

史疾便說：「如今大王的國家有相國、令尹、司馬、典令等官出缺，在您選用、安置官吏的時候，一定選擇廉潔奉公者擔任其職。可是，如今楚境內賊盜公然橫行，官吏卻沒能力制止，這就屬於烏鴉不稱作烏鴉、喜鵲不叫作喜鵲的事了。」

楚王無言以對。

## 避免爭執為上計

遇到鐵齒銅牙的人，也許會和你爭論個不休。甚至把你弄得心情煩躁，如果碰到這樣的事情，你該怎麼辦呢？

許多事情不那麼容易用經驗加以檢驗。如果你像大多數人一樣在這類事情上有頗為激烈的主張，這裡也有一些辦法可以幫助你認識自己的偏見。如果你一聽到與你相左的意見就發怒，這就表示，你已經下意識地感覺到你主張的看法沒有充分理由。如果某個人硬要說一加一等於三，或者說撒哈拉沙漠位於北極，你只會感到憐憫而不是憤怒，除非你自己對數學和地理也是這樣無知。最激烈的爭論是雙方都提不出充分證據的那些問題的爭論。

迫害見於神學領域而不見於數學領域，因為數學問題是知識問題，而神學問題則僅是見解問題。所以，不論什麼時候，只要發現自己對不同的意見發起火來，你就要小心，因為一經檢查，你大概就會發現，你的信念並沒有充分證據。

不成功人士喜歡僅僅為了爭論而爭論，或者使其他人失去心理平衡。那些挑起爭端的人也許會想，此刻朋友們和同事們會對他們的機敏與智慧留下深刻的印象。美國眾議院著名發言人薩姆．雷伯說道：「如果你想與人融洽相處，那就多多附和別人吧。」

他的意思不是說你必須同意別人所說的一切，而是說你不可能一方面無休止地激惱別人，而另一方面又指望別人來幫助你。結束了一天工作後的人們，不喜歡把時間花費在無休止的爭論上。如果此刻你挑起爭端，他們會迴避你，而你將會發現，你已被其他好爭辯的失敗者們所包圍。

林肯早年因出言尖刻而幾次與人決鬥。隨著年歲漸增，他日趨成熟，在非原則問題上總是避免和人發生衝突，他曾說：「寧可給一條狗讓路，也比和牠爭吵而被咬一口好。被咬了一口，即使把狗殺掉，也無濟於事。」我們在遇到某些不講理的人時，如果不爭論也無關緊要，不存在大是大非的問題，那麼就像林肯學習，把對方當「一條狗」好了。

卡內基指出：普天之下，只有一個辦法可以從爭論中獲得好處——那就是避免它。避開它就對了！十有九次，爭論的結果總使爭執的雙方，更堅信自己絕對正確。不必要的爭論，不僅會使你喪失朋友，還會浪費你大量的時間。

美國心理學家布斯和鮑頓曾調查了一萬個真實的爭論。他們偷聽了社會各個階層人之間的爭論，包括計程車司機，丈夫與妻子之間，推銷員和櫃檯服務生，甚至包括聯合國的辯論。他們用偷聽的錄音做精密分析，使人無比驚訝地發現了一個問題：職業的辯論家，包括政治家和聯合國代表，他們的意見被接受的成功率反而不如走街串巷進行遊說的推銷員成功。

其原因就在於：專業辯論的目的在於找出對方的弱點進行駁斥進而達到推翻其意見的效果，而與此相反的推銷員的目的卻是避免爭論，他們只是盡力找出一個觀點使對方能接受、贊同或改變主意。

每個人在講述自己觀點的時候，其實不僅僅是在就事而論，首先往往是他自己必須認同這個觀點，認為它是對的，因此才會說出來。所以，當他的觀點受到別人的攻擊，他首先想到的絕對不是懷疑自己，而是懷疑別人。懷疑自己就是對自己自尊的威脅和攻擊，為了捍衛尊嚴，他勢必不會認輸，甚至明知自己錯了，也會為了自尊而反擊，頑強抵抗。

於是，一場爭論就不可避免地發生了。被駁斥者在為自尊而反擊的時候，其考慮的基點就不會再放在你的觀點是否正確的問題上，而只在思考怎麼維護他自己以及怎麼從你的觀點中找出漏洞。因此，這種完全非理性的、情緒化的爭論會愈演愈烈，進而出現叫嚷、奚落、威嚇、羞辱，形成了如角鬥一般的個人爭鬥。這時，即使你說得頭頭是道，他也不可能接受。甚至還會演變到從對觀點的駁斥到成為對尊嚴和人格的衝突，也就決定了沒有人能贏得爭論。正如卡內基所說：「爭論的結果使雙方比以前更相信自己絕對正確。要是輸了，當然你就輸了，如果贏了，你還是輸了，因為爭論贏不了他的心。」

是的，想想吧，如果在爭論中你輸了，自然是輸了自己的觀點，無話可說；即使是你贏得了爭論了，可是對方卻會因此而認為你這個人性格太張揚，不易接近和相處，以後會因此而疏遠你，更嚴重的還可能覺得你讓他丟了面子，輸了自尊，甚至挫傷了別人的自信心和積極性，因此會怨恨你的勝利，對你在心裡產生抵觸情緒，也許還想著總有一天要伺機報復回來。

看，你到底贏得了什麼呢？在你的人際關係中，種下了這樣一顆惡劣的種子，結出的會是好果子嗎？是一場小小的爭論重要，還是長遠的良好的交友環境重要呢，這就是因小失大的例子。你的觀點不僅沒被接受，還樹立了一個敵人，難道你真的贏了嗎？

其實，只要我們仔細思考一下就會發現，喜歡爭論的人往往對自己沒有信心，希望通過爭論的勝利來說明自己的水準，維護自己的尊嚴，這種想法本身就已經暴露了他們的低級自尊——企圖壓低別人來抬高自己，把別人駁得一無是處而讓自己洋洋自得。

當一個人的自我修養處於一種很高的境界和水準的時候，他絕不會再用爭論的方式來解決問題。當然，不可否認的是，這其中不僅有良好的自我修養，也存在著一些技巧：

1. 歡迎不同的意見：有這樣一句話：「當兩個夥伴總是意見相同的時候，其中一個就不需要了。」人的思維不可能是絕對的完整和全面的，總有一些客觀或主觀的原因讓你有所忽略，那麼，有人給你提出來可謂是一件好事，提醒你注意，避免你下次犯下更大的錯誤，你真的應該衷心地對他說謝謝。不同的意見絕對不是引起爭論的好理由。

2. 不要急於為自己辯護：人也是動物，有最基本的生理反應，就是自衛。當一遇到對抗或者是攻擊的時候，直覺就會讓你首先要去自衛，要為自己找理由去辯護，這就是爭論的開端了。因此，應該先冷靜地聽完對方所有的觀點，客觀地分析和思考，說不定就真的能從中獲得極大的開導或益處。不要急於作出第一反應，這時冷靜是最好的。

3. 要誠實：如果發現自己真的有錯，絕對不要再試圖為此掩蓋或找理由開脫，那只會欲蓋彌彰。誠實地向對方承認自己的錯誤，並且請求他的諒解，你先虛心認錯，別人是無法拒絕的。對方的武裝解除了，也就能讓你繼續冷靜地去找出解決問題的更好方法，而不至於爭論起來。

4. 答應考慮對方的觀點：首先要說明這種同意絕對是出於真心的，因為我們每個人都應當意識到自己思維的侷限性和易僵化性，所以要時時保持謙虛學習的態度和多聽取他人意見的心態。對方提出的觀點極有可能存在正確的一面，如果暫時不能做出判斷，那麼就應該答應再花時間多考慮他的觀點，防止自己犯錯，也讓他人覺得受到尊重，爭論就不可能發生了。

5.找出共同點：有的爭論，到最後雙方發現其實彼此的觀點中有很多相似的地方，完全沒有必要去為此而爭執不休。然而，因爭論對感情的傷害已經造成，不可挽回，豈不是件憾事。因此，在最開始就去尋找雙方的共同點，既能保持雙方的良好關係，又有利於找到靈活解決的方法。正如湯瑪斯・傑弗遜所說：「在原則問題上堅守立場，在極端問題上靈活處理。」

## 提高自己的EQ

認為自己在辦公室裡獨來獨往，把份內的工作完成，儘量避免捲入同事之間的是非圈子裡，便能明哲保身，始終有飛黃騰達的一天，這是一廂情願的想法。聰明人不會把自己孤立起來，他很明白團結就是力量的道理。身為公司成員之一，你要想辦法與每個人建立良好的關係，營造和諧的氣氛，成為這個小圈子裡的一分子，彼此幫助，使工作進行得更順利，如此你才能達至自我突破，掌管自己的命運，創造黃金歲月的理想。

若要真正獲得同事的尊敬與愛護，你要注意自己的表現，切勿盛氣凌人，恃寵生驕，做出令人憎厭的事情，以下所述的幾點，請好好記住。

1. 要老闆對你產生深刻的印象，你要學習與每一個人融洽相處，表現出你的合群與合作精神。面對同事的時候，不要忘記你的笑容與熱誠的招呼，還有多與同事眼神接觸，在適當的時機讚美一下他們的長處。

2. 假如你不得不對某位同事的工作表現予以批評，你的措詞也要十分小心，先把對方的優點說出來，令他對你產生好感後，他才會接受你的建議，還會視你是他的知己良友。

3. 人人都會遇到情緒低落的時候，你要努力控制自己的脾氣，切勿把心中的悶氣發洩到同事的身上，這是自找麻煩的愚蠢行為。沒有人會願意跟一個情緒化的人相處，上司更不會對他期望過高，所以替自己樹立一個隨和而善解人意的形象，是成功的重要因素之一。

## 有人妒嫉你怎麼辦？

「人怕出名豬怕肥」這是我們都很熟悉的一句話。據說，有人將這句話翻譯給一位美國教授聽，那位教授驚訝不已：「為什麼？為什麼中國的人怕出名？中國的豬怕肥？」要講清楚這個道理，說難也難，說容易也容易，容易到只用兩個字就夠了：嫉妒。

一個人做事，三個人反對，五個人調查，十個人散佈流言蜚語，這種現象不能算是極個別的事例。「槍打出頭鳥」、「出頭的椽子先爛」，這類可怕的「警告」，都說明嫉妒者專門為賢者埋下禍根。

既然這類現象存在著，那麼它們當然也會出現在人們的日常交往中。既來之，則安之。如果你遇到這種人，正確的調節方法是：

1.把別人的嫉妒當作一種榮幸：我們不僅要忍耐和克制自己的嫉妒心，而且也要忍受住他人對自己的嫉妒。也就是說，在自己取得一定的成績，而別人以各種方式嫉妒自己的時候不應該為這種嫉妒而改變正常和自然的生活方式，而以某種理性的方式認識這種嫉妒，才能夠忍受住他人的嫉妒。這兩者是相輔相成的。本來是自己透過努力，辛辛苦苦得來的一點成績，卻反而招致如此的對待。往往會給人帶來一種極大的委屈和不平。特別是那些惡毒的詆毀和污蔑，有時實在是讓人受不了。在這種情況下，不少人往往會乾脆放棄自己的追求，使自己停留於一般和平庸，甚至是落後。有些人在這種嫉妒的壓力下，不得不縮回了自己剛剛施展開的手腳，壓抑自己的抱負和理想，從而在這種嫉妒的壓力下崩潰。

為了能夠忍受他人的嫉妒，必須對此有理性的認識。它至少包括下面兩層涵義。其一把別人的嫉妒當成是自己的一種榮幸和驕傲。你要記得，他們的嫉妒，以及由這種嫉妒所形成的種種指責和攻擊，都是以一種變態的方式表達一種無能。

也就是說，這種嫉妒實際上是以一種比較極端的方式，通過貶低他人的成功和長處，來掩蓋和彌補自己的缺陷和不足。可以說它是對你的成績的一種反面形式的肯定，而並不是一種真正的、客觀的批評。也正因為如此，你完全不必介意和在乎這些嫉妒，可以非常坦然和自豪地與之相處，而無所顧忌。它並不能證明你的無能，反而突出了你的成績。從這個意義上說，有人嫉妒甚至是一種榮幸，是可以令人感到驕傲和自豪的地方。

2. 把他人的嫉妒當成你的動力：有時，在他人的嫉妒中，可能會有一些刻薄的挑剔和雞蛋裡挑骨頭。這也是十分正常的。因為，有些人正是要借助於挑刺的方式，貶低你所取得的成績與價值，從而達到一種否定的結果。在這種情況下，正確的忍耐是要把他人的這種嫉妒當成自己的一種壓力或動力，作為進一步提升自我的台階。以一種真切的，積極的方式去理解他人的虛假的、消極的挑剔，對方的用意是嫉妒、否定和攻擊，而自己的態度是學習、接受和轉化為動力。在此，你甚至可以感謝他人的這種挑剔。正是這樣一些挑剔，可以使自己不至於為成功的喜悅而沖昏頭腦，不沉迷在一時的榮譽之中，進而可以保持比較清醒的頭腦，看到自己的不足，認清自己前進的方向和目標。這樣去對待他人的嫉妒，你不會有氣憤和沮喪，而且還應該感謝他們。而這樣的忍，又有什麼不好呢？

於此同時，我們還可以看到，他人的嫉妒還可以使你始終不斷地鞭策自己、激勵自己。例如，有些人常常會這樣地嫉妒他人的成績和幹勁：認為不過是「三分鐘的熱情」，「新官上任三把火」等等。而對待這樣一類嫉妒，最好的方式是不斷地保持自己的幹勁。這實在是一種極好的壓力。

3.不能刺激別人的「嫉妒」之心：受嫉妒者最明白無誤的，是謹防孤高自傲的外在形象。「嫉妒」之心，可迴避而不宜刺激。它就像蜂窩一樣，一旦捅它一下，就招致不必要的麻煩。實在不必要在這一點上得不償失，影響前途。

既然嫉妒是一種不可理喻、難辨涇渭的低層次情緒，所以不必去計較個你長我短、你是我非，更不必針鋒相對，非弄個「水落石出」、「青紅皂白」。須知，這不是學術討論，更不是法庭對峙，你的對手不會用「邏輯」、「情理」或「法律依據」與你爭鋒的。嫉妒之人本來就沒有與你處在同一個檔次上，因而任何「據理力爭」，都會造成你吃虧、受損，不僅降低格調，而且還浪費無謂的時間、虛擲精力。最佳方式是胸懷坦蕩，從容大度。對出於嫉妒者的種種「雕蟲小技」，完全可以視若不見，充耳不聞。你甚至應該以更出色的成績來證實所受的認可是公正的。

4.不要折損自己的銳氣：應當知道嫉妒行為雖然頗能給人製造一些痛苦和障礙，但是嫉妒者必有能力上的缺陷，或者在對手面前自感能力不足，也就是懼怕在事業上和成就上與對手競爭，與能者進行正面較量。所以從本質上講，嫉妒行為是掩蓋自己軟弱無能的行為，是內在虛弱和自私的反映。

能夠認識到這一點是十分重要的，這可以使我們在嫉妒行為面前保持清醒的頭腦，保持堅定的信念。既然嫉妒行為不過是一種掩蓋軟弱無力的行為，我們又何必放棄自己的追求而去適應這種低級的趣味。讓人家去說，我們仍走自己的路！不應該在嫉妒面前倒下，更不應該屈服於嫉妒行為。見怪不怪，其怪自敗。堅持奮進，爭取更大的成就和榮譽，使嫉妒行為拖不垮你，拉不倒你，擋不住你，這是對嫉妒行為最有力的回擊。

當然，對於事關人格、名譽的流言蜚語和無中生有的誣陷之辭，也不能置之不理，要採取適當的方法加以澄清。所謂適當，首先是保持冷靜的頭腦，其次是不要採取過激行動。否則，你就會正中「圈套」。

5.要善待嫉妒之心：嫉妒是不健康心理的一種，嫉妒及其消極作用是不可能徹底消滅的，但卻可以讓它減弱。經過人為的努力，可以使之達到比較弱小，以至於不嚴重阻礙成功的程度。減弱嫉妒的基本辦法是，不要對嫉妒者反目而視，仇恨相

加，要設身處地地為他們著想。相反，一旦發現別人的嫉妒，便怒火中燒，形之於色，或洋洋得意，置若罔聞，會使彼此之間的距離越拉越大，妒火越燒越旺，後果不堪設想。在對嫉妒者同情理解的基礎上，應該採取具體的對待辦法。

首先，故意示弱，以減弱嫉妒。帕金森先生在《管理藝術精神》中說：「大多數組織在結構上像一座金字塔，當一個人向金字塔頂端爬去的時候，最重要的崗位越來越少。因此，一個新近被提升的人，一定要特別謹慎小心。首先，他從前的大多數同事深信自己應該得到這個職位，並且為自己沒有得到它而不快。但特別重要的是：那個被提升的人必須想盡辦法表現出謙遜和不盛氣淩人。他一定不能忘記他從前的共事者」。

其次，對嫉妒自己的人體貼關心。對嫉妒自己的人，不但不恨，反而為之排憂解難，鋪路架橋，這是減弱嫉妒的妙法。

第三，對小名小利退避三舍。競爭勝利者切忌：利無論大小務必搶先。事業上獲得成功，已經成為嫉妒的目標，在有關引人注意的小事上還要爭先，可謂火上加油，實在是下策，如果能夠將更多的名利給予不太如意的人們，便可以慰藉其焦急之情，減弱一點嫉妒。

有些不明智的人，一遇到評選優秀員工、選模範勞工的事時，務必挺身而出，唯恐落人之後。殊不知，這會越來越加劇同事對自己的嫉妒，導致自己「後院起火」的惡果。

早在先秦時期，道家的創始人老子就主張：「不敢為天下先」，意思是不要爭名奪利，凡事搶先。他認為這樣必然會失去支持，失去自己的地位，「金玉滿堂，莫之能守」。現代的人們，確實應該仔細玩味一下「不敢為天下先」的真諦，以減弱嫉妒。

6.不要與當事人輕易地分道揚鑣：受強者的刺激而產生的嫉妒，往往又是弱者希望成為強者的病態心理。這種欲念，畢竟也是「一線光明」：希望變成強者。就這一點而言，我們與嫉妒行為的當事人是一致的。差別在於怎樣由弱變強，是用「有飯大家吃」的做法拖住強者的後腿呢，還是用「好馬劣馬，拉出來遛遛」的做法與強者進行正常的競爭？

如果你能清醒地認識到這一點，你就有可能在交往中找到消除嫉妒行為的正確途徑——求同存異，以同化異。也就是說，仍然把嫉妒者作為正常的交往對象，增強他為「一線光明」的欲望去努力的信心，並誠懇地讓他認識到自己的弱點。這樣，他的心境就會趨於平和，不再把強者看做自己的威脅，自然也就有了容人之大度。當然，這首先需要被嫉妒者有容人之大度。既然人家把你視為嫉妒的物件，就說明你有勝人之長處，那麼，你可千萬不要辜負了對方給你的這份榮譽。對於如此看重你的人，你有什麼理由要排斥呢？只要你能夠幫助對方實現由弱到強的目標，你就會在對方的心目中樹立起「物真價實」的強者形象；而且一旦對方從弱者的地位奮起，最終變為強者，也就會從根本上剔除那種病態的心理。如果你沒有這種博大胸懷，那麼，你也無需去責怪他人的嫉妒行為。

7.在嫉妒行為面前敢於豎起正義的旗幟：嫉妒行為是人際關係的腐蝕劑，作為一個有正義感的人，在交往中不能因為懼怕關係的複雜性而退避三舍，更不能對流言蜚語聽之任之，甚至人云亦云，對遭受中傷的人採取不負責任的態度，如果能夠帶頭挺身而出，主持正義，就有可能衝破嫉妒者所造下的迷霧。

在交往的過程中，如果能夠主持公道，伸張正義，能夠按照原則協調各方關係，那麼，他所在的交際圈就是一個激勵人們奮發向上的場所。

「己所不欲，勿施於人」。首先是自己「不欲施」嫉妒行為，然後才能夠在交往過程中幫助別人「不欲施」嫉妒行為。嫉妒之火實在是精力和能力的無謂消耗，處理人際關係還是「寬大為懷」好。

## 值得你警惕的人物

1. 口是心非的人：這種人這樣做是因為他知道你喜歡聽這樣的話，但是他卻不能信守諾言。譬如他說幫助你介紹一個客戶，當你做好準備要和客戶見面時，他卻想方設法找個藉口推掉了。初遇這種人時難免要上當，第二次再上當就不應該了。

2. 事事同意的人：這種人對任何建議都給予鼓勵，因為他不想壓制別人的創造性。他們最喜歡說的話就是「我同意」、「可以這樣做」。遺憾的是，他們說完了就沒有下文了。他們對任何建議一視同仁地給予贊成，所以也就毫無意義了。按照他的話去辦，實質上是浪費你的時間。因為有些計畫成功與否，對他們無關緊要，對你來說卻是至關重要。

3.無事不通的人：這種人是所謂的活字典，世上萬物無所不知，無所不曉。對他們來說，沒有他們不知道的事。他們自認為有電腦一樣的腦子，有冠軍的信心，蝸牛的直覺。可是他們發表的意見往往是斷章取義或道聽塗說的，往往會將你引上歧途。

4.多嘴多舌的人：這些人愛管閒事，整天囉嗦不停。他們說：「我能保守秘密」，其實是根本不可能的。與這種人交往的好處是，每當他們從你這得到一點消息，他們就覺得有義務告訴你一點有關別人的秘密。但是他們既然能向你公開秘密，那麼他們也會與別人談論你。

5.佯裝無能的人：這些人表現得不會用電腦、影印機等，自然要請別人幫忙，使整個工作速度變慢。他們無法應付一件小事。只好求助於你。一切正常時，必然會有他們在場；但需要擔負責任時，他們則會溜之大吉。

6.真正無能的人：這種人會靠油嘴滑舌、阿諛奉承來博得某些主管的好感，當把任務真正交給他們時，卻發現這種人其實什麼事都幹不了。

和以上六種危險人物交往時要敬而遠之，這樣做會使你在協調人際關係時更加得心應手。

# 第4章

# 以和為貴，先受益的是你自己

## 嚴以待人埋禍根

余小姐的第一個工作是出版社的助理編輯，她的文筆不錯，學習意願高，因此才進出版社三個月，與出版有關的事已摸得一清二楚。

有一次，老闆召集大家開會，輪到余小姐報告時，她提出印刷品質不好及成本太高的問題，又說如果能降低百分之五的成本的話，每個月就能省下個二三十萬，說到激動處，還說那家印刷廠「吃人不吐骨頭」。

老闆對她的報告沒有發表任何意見，但從這一天開始，余小姐開始感受到負責印務的同事對她的不友善。第四個月，余小姐離開了這家出版社。

年輕人最容易犯余小姐的錯誤，因為年輕人純真、熱情、有正義感，尤其第一個工作，更是力求表現。那麼，余小姐到底犯了什麼錯誤？請看以下的解析：按照故事中所提供的資料，余小姐應該只是協助編輯業務，每本書的發印工作則另有其人。負責編輯的人理應有權對書的印刷品質表示意見，因為品質不佳，影響銷路，編輯部門也難逃被檢討的命運。但余小姐只是一名新進的助理編輯，年紀輕、職位低、資歷淺，在公開的會議上檢討、批評別的部門所負責的工作，本就要冒一些風險。

任何人都不喜歡被批評檢討，尤其是在公眾場合。因為一來有傷自尊，二來任何批評檢討都會引起旁人的聯想與斷章取義的誤解。余小姐的批評，狠狠地踢了印務部門一腳，印務部門的同仁不「記在心裡」才怪！

眾所周知，任何單位都會有「油水部門」，以出版社來說，印務部門就是「油水部門」。不管承辦此項業務的人有沒有拿到油水，被批評「品質不好、成本太高」，就等於被人指桑罵槐，暗示「放水、拿回扣」，此事攸關面子及操守，承辦人員的心情也就可想而知了。有些老闆會對余小姐這種做法抱著沉默態度，不處理，也不勸誡當事人「少開口」，目的在利用雙方的矛盾，讓他們相互「制衡」，並從中獲取情報及員工的隱私。余小姐未明此點，而老闆也沒有因為她的忠誠而刻意保護她。所以她被犧牲了。

事實上，余小姐的正直與勇氣相當值得佩服及肯定，但這種人卻常常成為人際鬥爭下的犧牲品，不是自己辭職，就是被孤立。說起來很悲哀，但人的世界就是這樣，所以正直的人常有「天地之大，無容我之處」的慨歎。因此，老成世故的人總是非常小心，不輕易在言語上得罪人，尤其是「無心之言」！因為「有心之言」是「謀定而後動」，為什麼說、如何說以及對方會有什麼反應，自己都很清楚；「無心之言」則完全相反，因此常得罪了人自己還不知道。

面對余小姐所處的環境，比較好的處理辦法是：

先和同事們建立良好的人際關係，如此可減低失言時對自己的衝擊。發現不合理的事，與其在會議上提出來，不如私底下告知同事，但僅能點到為止，不宜深入追究。而且也應儘量避免和不相干的同事討論，以免走漏「風聲」，讓人誤會你另有企圖。當然，你執意要說也無不可，但要有心理準備。

## 寬以待人種福果

寬以待人就是對人要寬宏大量、心胸寬廣。在與同事的交往過程中是不是有肚量，會直接影響你與同事之間的關係能否協調發展。茫茫人海，什麼人都有，心中理想的同事的確難以尋覓，日常交往中，拉拉雜雜的煩心事時有發生。很可能一些難相處的同事對你耿耿於懷、寸步不讓，忽而滿天烏雲，忽而傾盆暴雨、電閃雷鳴，令人防不勝防。

人生需要寬容和大度。寬恕、容忍可使你保持心理上的平靜，大度可使你贏得寶貴的時間。不是去恨、去敵視、去攻擊，而是以柔克剛。付之一笑的態度能使傷害你的同事無地自容，激起他內心真正的震撼，同時又終止了你攻我回的惡性循環。更為重要之處在於，難相處的同事便會因此而欽佩你的人品，投給你讚賞的目光，回報給你更多的好感與友愛。寬以待人、自然坦誠，會讓你最大限度地表現自己的才能與潛力。只有投入全部的身心，體察對方微妙的內心變化，竭盡全力去體貼、關懷他人，讓難相處的同事始終感到有一種溫情在胸中流淌，你才有可能被對方視為知己。

運用這一原則，這就要求你必須是一個有涵養的人，要有寬廣的心胸，善於求同存異，虛心聽取不同的意見和建議。不要總是對一些雞毛蒜皮的小事斤斤計較，更不要對一些陳年舊帳念念不忘。要以寬容對待狹隘，以禮貌謙恭對待冷嘲熱諷，不要將心思牽於一事一物，不要將一些哀怨氣惱掛在心頭，對有不同脾氣、不同嗜好、不同缺點的難相處的同事，你要去研究他們、瞭解他們，這樣才能體現你的雅量與氣度。

以上的要求是你要做到的，哪怕難相處的同事看不起你、不尊重你，並且和你鬧彆扭，甚至你不小心吃過他們的虧、上過他們的當，你仍要調整好自己的心態，去體諒他們。也許你會說：我也曾努力試圖這樣做，但我就是做不到。的確，你可以找理由、找藉口，可以認為這對你來說太苛刻了一點。但是如果你想一想，當你有一天走進一家百貨公司購買商品或者到一家髮廊接受服務，如果服務生對你的態度溫暖如沐春風，你自然是心情舒暢，十分滿意。但如果對方是一副鐵板一般冷冰冰的面孔，話語寒心，對你的合理要求不理不睬，進而聲色俱厲，你又會如何想呢？你當然會生氣，這簡直沒法避免。但如果你每次遇到這類情況，就和對方過不去而吵一場，最後以悻悻然離去收場，難道你不該問問自己，這樣兩敗俱傷，又何必呢？

事情就是這樣，你無法迴避，也沒法不面對。作為同事更只有敞開胸懷，去體諒他，包括那些與自己有過舊怨、矛盾，甚至經常對你品頭論足、抱怨不休的難相處同事，如此才能群策群力、集思廣益，使自己的事業和工作順利發展。

世上的事情，的確有醜陋、罪惡的一面，如果把這一切看得虛一些、輕一些、淡一些，把世間萬物看得明朗美麗一些，未嘗不是一件好事。正所謂「冤家易解不易結」，心胸開闊如海洋，涵養深廣如湖水，試著與難相處的同事從容地交往，體諒和理解他們的難處，經常這樣做，你會感到受益無窮。

林則徐有一副對聯說：「海納百川，有容乃大；壁立千仞，無欲則剛。」也就是說，人有大海容納百川那樣的肚量，才能體諒人，辦好事。當一團和氣盈於心中，心中無一絲怨仇嗔怒，臉上笑口常開，你就會感到前途一片光明，什麼事情處理起來都會得心應手、迎刃而解。為了消除與難相處同事之間的對立情緒，你有時需要委屈一下自己，設身處地瞭解對方的心理和觀念，以「君子之心」度「小人之腹」。這對與難相處同事來說，是最大的信任，只要你始終堅持這一原則，你必將贏得他們的尊敬。

那麼，怎樣才算是寬以待人呢？

1.容人之過，諒人之短：應當知道「人非聖賢，孰能無過」。任何人都有優點和缺點，不能只看到難相處同事有這樣那樣的缺點就大驚小怪，咬住不放。要善於「舉大德，赦小過，無求責備於人」。要嚴於律己、寬以待人，調動一切積極因素，處理好與難相處同事的關係。

2.大事清楚，小事糊塗：大事，即原則性的事，要清楚、要堅持、不能含糊。小事，即小是小非問題不要太認真、不要斤斤計較。清代畫家鄭板橋講「難得糊塗」，實際上指的是對小問題要馬虎一點好。古人說：「水至清則無魚，人至察則無徒。」如果你總是對別人過於苛刻，吹毛求疵，那麼你就會變成孤家寡人了。

3.樂於忘記，不計前嫌：有位朋友擁有很多至交，人們問他有什麼秘訣，他說：「我只記著別人對我的好處，忘記了別人的壞處，這就是秘訣。」古人也說：「人之有德於我也，不可忘也，吾有德於人也，不可不忘也。」樂於忘記難相處同事傷害過自己的事，不念難相處同事對自己的「舊惡」，對他們的過錯採取既往不咎的態度，過去的事情就讓它過去。要向前看，不要向後看，這樣才能和更多的人一起工作。

## 善待他人

既然因果報應既不神秘也不迷信，人們在社會生活中就應該多做有益於他人和社會的事，而杜絕做對社會和他人有害的事情，這既是一個必然的結果，也是人們事業成功，生活快樂的必然要求。俗話說要想人愛己，必須己愛人。我為人人，人人為我。一個人應該樂善好施、助人為樂、有成人之美的想法，這在某種意義上有點像金錢的儲蓄，一個人平時養成儲蓄的習慣，遇到不測的時候不至於手忙腳亂，儲蓄越多，他的未來來就越有保障，越可能幸福。同樣的道理，人們也只有在平時努力做於他人和社會有益之事，才能使生活的道路越走越寬。

那麼，應該怎麼做呢？

1.要善於播撒仁愛的種子：前幾天有一則新聞，是台南某不鏽鋼工廠謝老闆，大手筆花了六千萬為員工打造餐廳，不僅空間明亮，地板換成大理石磁磚，還有冷氣

可以吹，掌廚的人則是外聘請來的大廚，每週提供六十種以上不同的菜色，員工可以每天上網票選想吃的菜。最重要的是，餐廳採蔬食無限量免費吃到飽制，吃不完還可以打包帶回家。謝老闆為何如此「搞剛」？他說，他觀察到員工每天便當剩下的廚餘都很多，他思考著為什麼，後來他才想到，他每天都有專人為他打理午餐，而且是在有冷氣的辦公室裡用餐，員工卻要自己處理午餐，而且還要在高溫的廠房裡吃便當，難怪食欲不振，總是剩下許多廚餘。於是他決定大刀闊斧為員工打造一個員工餐廳，希望員工們可以在最好的環境下享用中餐，果然，員工的反應相當熱烈並且高興。謝老闆以同理之心花大錢蓋餐廳，員工用餐時保持心情愉悅，工作效率自然提高，連客戶拜訪完都會順道到員工餐廳用餐，謝老闆不僅散播仁愛，也間接宣傳公司名號。

《詩經．大雅》有曰：「投我以桃，報之以李」，說的是一方有所贈與，另一方有所報答。企業只有開誠佈公，提供優惠福利，重視公共關係、人際關係，創造「人和」的條件，才能搏得各方的褒獎名譽，提高企業的自身形象，最終獲取長期穩定的鉅額利潤。那種「竭澤而漁」的經營方法，只會毀了企業的發展前程。

2.要從小事入手，打動客戶的心：曾是臺灣第一首富的王永慶，人稱「塑膠大王」，管理著一個龐大的塑膠集團，但他的這些財產並非來自祖傳。

王永慶的家原在新北市新店的一個小村裡，世代務農，以種茶為生。家中除了幾間茅屋外，幾乎一無所有，所以王永慶小學沒畢業就開始謀生了。他隻身一人，背井離鄉，到臺灣南部的一家米店當小工。他人雖小，卻很有頭腦，除了完成老闆交給他的送米工作外，他經常自己找些活做待在老闆身邊，悄悄觀察老闆如何經營米店，學習做生意的本領。第二年，也就是十六歲的時候，王永慶請父親幫他借了二百元，自己在嘉義開了家小米店。就是以這個小米店為基礎王永慶開始了艱苦的創業。

他自己回憶道：我開始做米店生意是在昭和八年，當時臺灣省在日本統治把持之下，經濟非常不景氣。米一斗十二斤，賣五毛一分錢本錢是五毛，利潤非常薄，只有一分錢……。一般米店裡的米裡頭，難免夾雜些許的石子、米糠，我就特別注意，一定要撿乾淨。當碰到顧客上門來買米時，我就向他提出一個要求說：「您要買的米，我送到您家裡好不好？」顧客當然說：「好啊！」等我把米送到

顧客家，放入缸裡，一定要把顧客缸裡的剩米拿出來，把新米倒下去之後，再將陳米放在上面以避免陳米變質，造成客戶的損失。在這時，我還會掏出一本小筆記本，記下這家人的米缸容量。接著我就問主人，您能不能告訴我一些簡單的資料，您家裡有幾個大人？幾個小孩每一頓飯大人吃幾碗？小孩吃幾碗？一天的用米量大概是多少？於是我就依這些資料計算出這家客戶的用米量，而這次送來的米大概可以用多少天，然後在客戶吃完米的前兩三天，我就主動把米送到客戶家裡。

王永慶靠著對每一個用戶的一片真心，滿腔熱情，從別人想不到的小事下手，打動客戶的心。這種充滿人情味的經營作風，一傳十，十傳百，有口皆碑。於是他的生意便一天天興旺起來，終於成為名聞全臺灣的大企業家。

3. 雪中送炭，令人記憶終生：人的一生不可能一帆風順，難免會有面臨困境的時候，這時候最需要的就是別人的幫助，這種雪中送炭般的幫助會讓原來無助的人記憶一生。

德皇威廉一世在第一次世界大戰結束時，他的臣民都反對他，許多人對他恨之入骨，只好逃到荷蘭去保命。可是在這時候，有個小男孩寫了一封簡短但流露真情的信，表達他對德皇的敬仰。這個小男孩在信中說，不管別人怎麼想，他永遠尊敬他為皇帝。德皇深深地為這封信所感動，於是邀請他到皇宮來。這位小男孩接受了邀請，由他母親帶著一同前往，他的母親後來嫁給了德皇。

「我不知道他那時候那麼痛苦，即使知道了，我也幫不上忙啊！」許多人遺憾地說。這種人與其說他不知道別人的痛苦，不如說他根本無意知道。人們總是可以敏感地覺察到自己的苦處，對別人的痛處卻缺乏瞭解。他們不瞭解別人的需要，更不會花功夫去瞭解；有的甚至知道了也假裝不知道，大概是沒有切身之苦，切膚之痛吧。雖然很少有人能達到「人飢己飢，人溺己溺」的境界，但我們至少可以隨時體察一下別人的需要，時刻關心朋友，幫助他們擺脫困境。當朋友身患重病時，應該多去探望，多談談朋友關心的感興趣的話題；當朋友遭到挫折而感到沮喪時，應該給予鼓勵，「這次失敗了沒關係，下次再來。」當朋友愁眉苦臉、鬱鬱寡歡時，應該多加親切地詢問他們。這些適時的安慰，會像陽光一樣溫暖受傷者的心田，給他們希望。

有一對夫婦，從台北出發要到台南去旅行散心，其實他們因為工作關係聚少離多，婚姻就快要走到了盡頭，先生好不容易排出了假期想彌補太太，於是計畫了這趟下鄉之行。但出發的前一晚，他們又為了先生下個月要到國外出差而吵了一架，太太對先生罵道：「你是個冷血無情的人，你只在乎你的事業！」那天他們上了高鐵，發現有一名女子已坐在兩人訂好票的位子上，先生示意太太坐在女子隔壁，但自己卻站在太太座位旁，沒請那名女子讓位，而從台北站到台南，太太心想：「寧願站到腳瘦也不想跟我坐在一起嗎？沒關係，那你就慢慢站吧！」她打定主意這次旅行回來後就要離婚。到了台南的前一站嘉義，那名佔位的女子緩緩站起身，太太這才發現她的雙腿皆以支架固定，先生扶了她一把讓她順利離開座位下車，太太這時才知道，原來先生一上車就發現那名女子肢體不方便，於是才沒有請她讓位，也沒有明說出來，怕人家心生慚愧。而如今心生慚愧的人反而是太太了，她決定要好好把握這次的旅行，跟丈夫重新修補這段婚姻。

有時候不用很費心地幫別人一把，人家也會牢記在心，投之木瓜，報你以桃李。此外，幫助他人還要堅持不懈不要一時興起，才這也幫那也幫，不高興的時候就誰都不幫。在現代社會，在金錢的衝擊下，很多人一舉一動都在考慮著自己的利益，別說幫助別人，更別說堅持不懈地幫助別人。無私地始終如一地幫助他人的人，才會一直受社會的尊敬。

## 人人都渴望讚美

每個人都渴望得到別人和社會的肯定和認可，我們在付出了必要的勞動和熱情之後，都期待著別人的讚許。那麼，把自己需要的東西，首先慷慨地奉獻給別人，體現的是我們的大方和成熟。

讚許別人的實力，是對別人的尊重和評價，也是送給別人的最好禮物和報酬，是搞好人際關係一筆暫時看不到利潤的投資。它表達的是我們的一片善心和好意，傳遞的是你的信任和情感，化解的是你有意無意間與人形成的隔閡和摩擦。因此對人表示讚許，你何樂而不為呢？世界上的人大都愛聽好話，沒有人打心眼裡喜歡別人來指責他，就是相濡以沫的朋友，你批評幾句，對方往往臉上也有掛不住的時候。

日本的社會心理學家說過：「人們對你讚譽、佩服或表示敬意時，除非顯而易見地是拍馬屁，不然即使是應酬話，你還是覺得舒坦。可是，聽到他人對你的批評，不中聽的言語時，即使他沒有惡意中傷，而且又部分符合實際，你也可能長期對它抱持反感。」

心理學家說的話恐怕不僅僅是對日本人而言的，他在一定程度上，是滲透了人性在對待讚許和批評方面的底層而發的透徹議論。中國也有相同的經驗之談，不過言簡意賅，沒那麼具體。「多栽花，少種刺」，就是這方面既來得直接，又深富哲理的良策警語。

一般在常人身上，都有著難以察覺的閃光點，而這些正是個人價值的生動體現。而一個偉大的領導者，往往獨具慧眼，大多是讚頌別人的專家。羅斯福的才能，就表現在對正直人給予恰當的稱讚上。既然讚揚是人際交往的潤滑劑，我們就要在和周圍人相處的過程中，毫不吝嗇地讚揚別人，使讚許的動機獲得廣大而神奇的效用。

1. 讚揚的過程是一個溝通的過程：一位學者在一所高等學府任教，這人深沉不露，嚴肅認真。他的老婆在實驗室工作，經常與機器和資料打交道，也難免謹慎和刻板。然而不久前他的朋友們卻發現他的老婆年輕了許多，不僅待人熱情洋溢，而且穿戴打扮也煥然一新。遇到開心的事，笑聲爽朗，很是動人。眾人很納悶，她怎麼像換了個人似的？詢問這位學者，才知道她近來調換了一個工作環境，那裡年輕人多，氣氛融洽，頂頭上司又是一個充滿活力，非常會說笑話的人，非常讚賞她工作的認真和負責。經常時不時地給予她應有的鼓勵和讚美，讓她感覺到自己好像突然生活在另外的世界裡，陽光燦爛，空氣清新，連精神面貌都充滿了一股子朝氣。

這個人的經歷說明了讚揚不僅能改善人際關係，而且能改變一個人的精神面貌和情感世界。讚揚的過程，是一個溝通的過程。通過讚揚，你得到了對方的欣賞和尊重，自己享受了自尊、成功和愉快，你的精神面貌還能不充滿盎然的生機嗎？

2. 讚揚能鼓勵人向上和自強：馬斯洛的層次理論認為，自尊和自我實現是一個人較高層次的需求，它的一般表現為榮譽感和成就感。而榮譽和成就的取得，還須得到社會的認可。而讚揚的作用，就是把他人需要的榮譽感和成就感，拱手送到對方手裡。當對方的行為得到你真心誠意的讚許時，他看到的是，別人對自己努力的認同和肯定，進而使自己渴望別人讚許的動機在榮譽感和成就感接踵而來時得到滿足，從而在心理上得到加強和鼓舞。他能養精蓄銳，更有力地發揮自身的主觀機動性，朝向自己的目標前進。

某校有一位同學，在一次命題作文中，抄襲了一期雜誌裡的一篇散文。極為巧合的是，國文老師恰恰手裡有這一期雜誌。多年的任教生涯，使他深深地明白，保護學生的自尊要鼓勵和讚揚，這比用挖苦和指責所收到的效果要好得多，因為它給同學的，是正面的引導和促進。所以他沒有批評學生，而是把這位同學私下叫到辦公室裡，稱讚這篇散文寫得很好，並幫助他分析了文章結構和起承轉合，囑咐他向更高的寫作目標奮鬥。結果，這一次保護面子的讚許行動，在這位同學心中留下了極為深刻的印象。他真的愛上了寫作，靠著執著和勤奮，成為了知名的業餘作家。讚賞的力量有時的確是十分驚人的，它簡直到了點石成金的程度。

3. 讚揚別人，也能激勵自己：現實生活中，一個善於發現別人長處，善於讚揚別人優點的人，絕不是單方面的給予和付出。不知你是否也有這方面的體驗，讚揚別人，往往也會激勵自己。別人的精神會感染我，別人的榜樣會帶動我，人家行，我為什麼不行呢？

## 表揚勝於批評

一位油畫班老師經常批評學生不完成作業，出於對訓斥的反感，有個學生禮貌地建議老師，是否能以表揚完成作業的學生來取代批評沒有完成作業的人。老師採納了他的建議。幾個星期後，他不僅看到同學們認真完成作業，而且看到一個充滿歡樂氣氛的教室。

一位年輕的小姐和一個嚴厲、專橫的男人結婚。他的父親——一個愛對兒媳發號施令的人和他們生活在一起。對於他們的強迫命令和苛刻評價，小姐儘量不動聲色，但是對於他們令人愉快、考慮周到的事情，如幫她去買東西，則給予熱情地讚揚，不到一年她使他們變成了謙和有禮的人。

可見，讚揚對行為有著不可估量的作用。哈佛大學藻類學專家B．R．斯金諾的實驗也充分地肯定了這一點。他認為鼓勵不僅僅是獎賞和懲罰，它是和一些行為的發生相聯繫的東西，它有著促使某種行為重新出現的趨勢。當動物的大腦接收到鼓勵的刺激，大腦皮層優勢興奮中心調動起各個系統的「積極性」，潛在的力量機動地變成了現實，行為發生了改變。他說：「我最初認識到這一問題，是在夏威夷海洋生物公司大型水族館工作的時候。一九六三年，我在那裡擔任海豚教練員的負責人。訓練馬和狗，可以用傳統的訓練方法，但是對於那些水生動物卻不管用。『積極的鼓勵法』是我們唯一的方法。我們通常採取『條件鼓勵法』。運用條件反射原理，我們讓一些原始的信號（聲音、光等等），和一些基本的鼓勵（給食物）聯繫起來，使這些信號在它們頭腦中和鼓勵的刺激建立穩固的聯繫，當信號一出現，鼓勵的作用也同時出現了。」

海豚教練員們經常在餵食的時間吹口哨，口哨成了海豚的鼓勵信號。我曾見到在沒有給食物的條件下，動物們聽到口哨，表演了一個多小時的節目。

「幾年前，在紐約的布朗克斯動物園，看守人準備打掃大猩猩的籠子，叫牠出來，猩猩不肯。看守人搖動手中的香蕉想吸引牠出來，可是大猩猩不是不理不睬，就是搶到香蕉後就跑回原處。一個教練員看到這種情況指出：「這種搖動香蕉的鼓勵方法，從前沒有實施過，因此不能奏效。但是運用『食物鼓勵法』，無論什麼時候，都能奏效。你應該把香蕉放在門前，讓香蕉吸引猩猩自己走出來。」果然，大猩猩見到門前的香蕉，乖乖地走了出來。

「我把『積極的鼓勵法』應用到日常生活之中，立即收到立竿見影的效果。我的孩子不愛勞動，我經常大聲地喝斥他，這不僅無濟於事，家庭的氣氛還被我弄到很緊張。我改變了教育方式，注意觀察他令人喜歡的行為，例如看到他幫助大人洗盤子的時候，就用讚許的口氣鼓勵他。果然，他開始熱愛勞動了，家庭的氣氛也和睦多了。」

一般來說，鼓勵有兩種形式，肯定的和否定的。肯定的鼓勵，出自對主體需要的滿足。例如給動物食物，撫愛、表揚等等。否定的鼓勵，使用於禁止的、要牠迴避的事情。例如，打牠、對牠皺眉頭，或者發出不愉快的聲響。只要發出肯定的鼓勵信號，行為必然會得到改善。

從斯金諾的這番話中，我們可以看出鼓勵的積極作用。鼓勵的力量是相對的，不是絕對的。鼓勵是有條件的。下雨對鴨子是肯定的鼓勵，對貓卻是否定的鼓勵；在你達到溫飽的時候，食物並不是鼓勵的因素，但是在訓練動物的場所，這是各種鼓勵法中最有效的方式。

鼓勵是一種資訊，通過傳導的方式起作用。它準確地告訴物件，你喜歡、需要的是什麼。在運動員和舞蹈演員的訓練場上，教練的口令「對！」或者「好！」絕不是在訓練結束後的更衣室內詢問訓練情況，事實上，它意味著發出需要動作的一個信號。

觀看足球賽和籃球賽時，我們經常被運動員受到喝彩和鼓勵的激動人心的場面所打動。每當一個投籃得分或者精彩的射門之後，場下人群中爆發的雷鳴般的喝彩聲使運動員和群眾感情交流，融為一體，在此刻，運動員們受到多麼大的鼓舞啊！

鼓勵要適時，不能過早也不能過晚。如果你說，「孩子，昨天晚上你的行為好棒啊！」她會回答：「怎麼，難道現在我有什麼不好的行為嗎？」當孩子們遇到挫折而灰心喪氣的時候，我們應該經常鼓勵他們對於沒有成功的事情進行嘗試。

## 找出別人值得稱讚的地方

一個人的成功是你讚賞他的大好機會。你要花點時間靜心想想，你可以稱讚你的夥伴取得了哪些成績。比方說，你可以問自己：

1.他取得了什麼成績，譬如在公司日常管理事務中、在贏得市場方面、在爭取開發新客戶，或是產品改良方面？

2.他做了哪些特別的工作，有什麼特別的貢獻？他在哪方面比大部分人都優秀、突出？

對他的讚賞要有目的。請明確告訴他，是他的哪些優點或成績給你留下了深刻的印象，又是什麼使他與眾不同。

實際上，許多可以讚賞他人的機會都被人們忽視了。因此為了有效地獲取靈感，你可以為你的每位重要的合作夥伴列一張值得你讚賞的成就清單。在合適的時候，就可以據此向他們表示祝賀。你還要定期對這張清單進行修改，增減內容。

下面的問題可以幫助你列出這張清單：

1. 在與你的合作過程中，對方取得了哪些值得稱讚的成果？
2. 他對你提起過的或其他人沒能解決的問題中，有哪些是他力排困難而圓滿解決的？
3. 他出過哪些好的點子和建議並且付諸實現了？
4. 他是否對形勢作過不同於業內專家的意見，但實際證明是準確可信的預測？
5. 你們之間的合作在哪些方面取得了特別突出的成績，具體資料是多少？

你越是經常地對顧客的成功進行思考，越經常為他們列出一張值得讚賞的成就清單，就會越容易地找到可適時稱讚的機會。當然，你要注意讚賞也不可言過其實，更不必刻板地一天數次在固定的時間恭維你的夥伴。

千萬不要為了稱讚你的夥伴而等待百年難得的大好機會，或驚天動地的鴻圖偉業，因為這種情況極為罕見。你應利用日常交往中出現的那些不可勝數的機會來稱讚他人。絕不可因為事件太小就不提，就猶豫著要不要給予他們衷心的讚美。在日常生活中，隻言片語的稱讚常與長篇大論的頌詞一樣具有重要的意義。你稱讚對方才是真正關鍵性的舉動，因為人們嚮往的是被讚譽這一事實本身。

這裡還有一個重要的訣竅：你可以稱讚對方那些圓滿完成了的「普通」任務或日常工作。人們通常只讚賞那些取得了突出成就的人，讚賞總是與出類拔萃或獨一無二相聯繫。而普通任務的圓滿完成常被視為理所應當，因而很少被人重視。但內行人都知道，日復一日地出色完成看來簡單的日常工作，也是件很不容易的事。他知道為此需要付出多少的細心耐心、謹小慎微和全神貫注，而且這些看似簡單的工作最後成功與否，通常會受到無數因素的左右和影響。

一般而言，非凡的成績可以通過一次「特別行動」獲得，為了取得這一結果，需動用全部人力、物力資源來鋪路。相反，圓滿完成日常的普通工作，則需要人們兢兢業業、堅持不懈。還要提一下的是，日常工作常常是在條件不夠完善的情況下完成的。也許一次非凡成績的轟動效應就足以留給他人良好印象，而普通工作的圓滿完成雖往往沒沒無聞，卻更講究點滴的積累，在細微處見真功夫。

所以你要稱讚你的夥伴在日常工作與合作中表現出來的優點。譬如你可以稱讚他的誠實可靠、辦事幹練高效、樂於助人等優良品質。你可以告訴他，你欣賞他如約赴會的守時，或提供資訊的準確性。

對你的合作夥伴而言，這種讚賞完全出乎他的意料。他會由此認識到你的細心和非比尋常的評價能力。他會知道，你看到了別人看不到的細節，發掘著他人的優點。比起偶爾被誇張地捧上天，經常為些小事而得到稱讚更能讓人感動。

所以無論在事業上還是生活中，你都要更經常地發掘看似平淡無奇的小事來稱讚合作夥伴或親友。因為這樣的稱讚更自然可信，能真正打動人。

## 讓你的讚揚真實可信

我們的基本原則是：不要說些可有可無的客套敷衍話，要令你的讚揚真實可信。應讓對方明白，你對他的讚賞是經過認真考慮的肺腑之言。

1. 要獨樹一幟：在稱讚別人的時候，要明白無誤地告訴他，是什麼使你對他印象深刻。你的讚賞越是與眾不同，就會越清楚地讓對方知道，你曾用心深入地瞭解他並且有此種想表達對他的讚美的感覺。

你可以列舉事例為證。譬如他提過的某個建議或採取過的某一行動：「對你那次的決定，我還記憶猶新呢。真的是個很棒的決定！」

應儘量點明你讚賞他的理由。不僅要讚賞，還要讓對方知道為什麼要讚賞他：「當時你是唯一準確地預料到這一點的人。」

2.不可言過其實：請注意，你的讚賞要恰如其分。不要藉一件不足掛齒的小事讚不絕口，大肆發揮，也別抓住一個枝微末節便誇張地大唱頌歌，這樣未免太過牽強和虛假。你的用詞不可過分渲染誇張。不要動輒就說「最」。別讓對方覺得你對他的稱讚是例行公事。你當然應該比現在更經常地對你的夥伴表示讚賞，但可別在每次談話時都重複一遍，特別是在對方與你經常見面的情況下更要牢記這一條。最重要的一點是，不要每次都用一模一樣的話來稱讚對方。

3.注意因人異地使用讚賞：即使是因為相同的事由，你也不應以同樣的方式來稱讚所有的人。避免給對方留下「這人對誰都講那麼一套」的壞印象。在很多人的聚會中，你千萬不要搬出前不久剛稱讚過其中某一位的話，再次恭維其他人。還是仔細想一想，每位顧客與他人相比，到底有何突出之處，這樣就能恰到好處地讚揚別人。

4. 讚賞他人要利用恰當的機會：不要突然沒頭沒腦地就大放頌辭。你對顧客的讚賞應該與你們眼下所談的話題有所聯繫。請留意你在何時以什麼事為引子開始稱讚對方。對方提及的一個話題，他講述的一個經歷，也可能是他列舉的某個數字，或是他向你解釋的一種結果，都可以用來作為引子。

要是他沒有給你這樣的機會，你就自己「譜」一段合適的「讚賞前奏」，使得對方不至於感覺這讚揚來得太突然。不妨用一句謙恭有禮的話來開頭：「恕我冒昧，我想告訴您……」、「我常常在想，我是不是可以說說我對您的一些看法。」這種「前奏」還有兩大功用：一是喚起聽話者的注意力，二是使你的稱讚顯得更加懇切誠摯。

5. 採取適當的表達方式：重要的不僅是你說了些什麼，還有你是怎樣來表達的。你的用詞，姿勢和表情，以及你稱讚他人時友善和認真的程度都非常重要。它們是顯示你內心真實想法的指示器。

你應該要直視對方的眼睛，面帶笑容，注意自己的語氣，講話要響亮清晰、乾脆俐落，不要細聲慢語、吞吞吐吐，也別欲語還休。小心不要用那種令人生厭的開頭：「順便我還可以提一下，您的還算不賴。」這讓你的稱讚聽起來心不甘、情不願，又像是應付了事。

6.集中精力，不要中途「離題」：讚賞對方的機會幾乎總是出現在偏重私人性的談話中。大多數時候在談話中你一定會談及其他事情。但你對顧客的稱讚應始終成為一個相對獨立的話題和段落。讚賞對方的這個時刻，你越是集中注意力，心無旁騖，讚賞的效果就會越好。所以，在這一刻你不要再扯其他事情，要讓這一段談話緊緊圍繞你的讚賞之辭，不要中途「離題」。

讓對方對你的讚美之辭有一個「餘音繞樑」的回味空間，不要話音剛落就硬生生地談其他雙方有分歧的事，弄得對方前一刻的喜悅心情在頃刻間化為烏有。

7.不可給讚賞打折扣：別把你的稱讚和關係到實際利益的話題聯在一起，這些話題換個場合交談會更合適。假若你的談話意旨在推銷產品或獲取資訊，你稱讚了對方之後要留出些時間，不能馬上話鋒一轉立即切入主題。要避免給對方這樣的印象：你前面的讚譽只是實現你推銷目標的一塊鋪路石。

許多人在稱讚他人時都易犯一個嚴重的錯誤：他們把讚賞打了折扣再送出去。對某一成績他們不是給予百分之百的讚賞，而是畫蛇添足地加上幾句令人沮喪的評論或是一些能很大程度削弱讚賞的積極作用的話語。比如：「您做的菜味道真好，每一樣都不錯，就是湯汁裡的油加多了。」這種折扣不僅破壞了你的讚揚，還有可能成為引起激烈爭論的導火線。

尤其那些對傑出成績的讚賞，幾乎無一例外地和批評一起「唱和」。成績越突出，人們就越覺得自己有責任去「評論」而不僅是稱讚這一成績。他們無法忍受只唱讚歌，一定要多少挑出點缺憾才甘休。同時，他們錯誤地把讚賞他人當成了自我表現的機會。他們以為他們能夠通過打了折扣的讚賞來證明自己的「批判性思維能力」，從而也出出風頭，顯出他們的理性和水準。

任何讚賞的折扣，哪怕再微小，也使讚賞有了瑕疵，從而產生了不必要的負面影響。它破壞了讚賞的作用，使受稱讚的一方原有的喜悅之情一掃而空，反而是那幾句「額外搭配」的評論讓人難以忘懷。

8.不要引起對方的曲解：一位年輕男子晚上在飯店碰到一位認識的小姐，她正和一位女性友人在用餐，兩人剛聽完歌劇，穿著漂亮。這位男子不禁覺得眼前一亮，很想恭維一下對方：「噢，今晚妳看上去真漂亮，真像個女人。」對方難免生氣：「我平常看上去什麼樣呢？像個清潔工嗎？」

這種稱讚的話會由於用詞不當，讓對方聽來不像讚美，倒更像是貶低或侮辱。結果自然是不歡而散，事與願違。

## 審時度勢地讚美別人

讚美別人，彷彿用一支火把照亮別人的生活，也照亮自己的心田，有助於發揚被讚美者的美德和推動彼此友誼健康地發展，還可以消除人際間的齟齬和怨恨。讚美是一件好事，但絕不是一件易事。讚美別人時如不審時度勢，不掌握一定的讚美技巧，即使你是真誠的，也會變好事為壞事。所以，開口前我們一定要掌握以下技巧。

1.因人而異：人的素質有高低之分，年齡有長幼之別，因人而異，突出個性，有特點的讚美比一般化的讚美能收到更好的效果。老年人總希望別人不忘記他「想當年」的業績與雄風，與他交談時，可多稱讚他引以自豪的過去；對年輕人不妨語氣稍為誇張地讚揚他的創造才能和開拓精神，並舉出幾點實例證明他的確能夠前程似錦；對於經商的人，可稱讚他頭腦靈活，生財有道；對於有地位的政治人物，可稱讚他為國為民，廉潔清正；對於知識份子，可稱讚他知識淵博、寧靜淡泊……當然這一切要依據事實，切記不可虛誇。

2.情真意切：雖然人都喜歡聽讚美的話，但並非任何讚美都能使對方高興。能引起對方好感的只能是那些基於事實、發自內心的讚美。相反的，你若無根無據、虛情假意地讚美別人，他不僅會感到莫名其妙，更會覺得你油嘴滑舌、詭詐虛偽。例如，當你見到一位其貌不揚的小姐，卻偏要對她說：「妳真是美極了。」對方立刻就會認定你所說的是虛偽之至的違心之言。但如果你著眼於她的服飾、談吐、舉止，發現她這些方面的出眾之處並真誠地讚美，她一定會高興地接受。真誠的讚美不但會使被讚美者產生心理上的愉悅，還可以使你經常發現別人的優點，從而使自己對人生持有樂觀、欣賞的態度。

3.詳實具體：在日常生活中，人們有非常顯著成績的時候並不多見。因此，交往中應從具體的事件人手，善於發現別人哪怕是最微小的長處，並不失時機地予以讚美。讚美用語愈詳實具體，說明你對對方愈瞭解，對他的長處和成績愈看重。讓對方感到你的真摯、親切和可信，你們之間的人際距離就會越來越近。如果你只是含糊其辭地讚美對方，說一些「你工作得非常出色」或者「你做人真的蠻不錯的」等空泛飄浮的話語，只能引起對方的猜度，甚至產生不必要的誤解和信任危機。

4.合乎時宜：讚美的效果在於見機行事、適可而止，真正做到「美酒飲到微醺後，好花看到半開時」。當別人計畫做一件有意義的事時，開頭的讚揚能激勵他下決心做出成績，中間的讚揚有益於對方再接再勵，結尾的讚揚則可以肯定成績，指出進一步的努力方向，從而達到「讚揚一個，激勵一批」的效果。

5.雪中送炭：俗話說：「患難見真情。」最需要讚美的不是那些早已功成名就的人，而是那些因被埋沒而產生自卑感或身處逆境的人。他們平時很難聽一聲讚美的話語，一旦被人當眾真誠地讚美，便有可能振作精神，大展鴻圖。因此，最有效的讚美不是「錦上添花」，而是「雪中送炭」。

# 第5章 掌握交友的分寸

## 君子之交淡如水

中庸之道是一種至高的做人境界。掌握了中庸之道，便會在生活中遊刃有餘。交友是生活的一部分，同樣要講中庸，除了「淡而不厭」之外，還要「簡而文」，「溫而理」，即簡略而文雅，溫和且合情理。

交朋友，千萬不可以自我為中心，讓朋友圍繞著你的喜好轉，讓一個世界都是你的色彩，也不能自我感覺良好。「和而不同」，尊重自己，尊重朋友，你也不必跟在朋友的後面，亦步亦趨，更不必強迫人意，使人同己。客觀、冷靜、明智，才不會舉措失當。

歷來人們都主張知人而交，對不很瞭解的人，應有所戒備，對已經基本瞭解、可以信賴的朋友，應該多一些信任，少一些猜疑；多一些真誠，少一些戒備。對可以信賴的人，真真假假，含含糊糊，是不明智之舉。著名的翻譯家傅雷先生說：「一個人只要真誠，總能打動人的，即使人家一時不瞭解，日後便會瞭解的。」又說：「我一生做事，總是第一坦白，第二坦白，第三還是坦白。繞圈子，躲躲閃閃，反易叫人疑心。你耍手段，倒不如光明正大，實話實說。只要態度誠懇、謙卑、恭敬，無論如何人家不會對你怎麼樣的。」

以誠待人，要坦蕩無私，光明正大。一旦發現對方有缺點和錯誤，特別是對他的事業關係密切的缺點和錯誤，要及時地指出，督促他立即改正。雖然人總是不喜歡被批評，但意識到批評者確實是為自己著想時，要能理解接受。使彼此的心靈得以溝通，友情得到發展。當你捧出赤誠之心時，先看看站在面前的是什麼人，不應該對不可信賴的人敞開心扉。否則，適得其反。

要想得到知己的朋友，首先要敞開自己的心扉。要講真話、實話，不遮遮掩掩、吞吞吐吐，以你的坦率換得朋友的赤誠和愛戴。

以誠待人，方能在可以信賴的人們之間架起心靈的橋樑，透過這座橋樑，打開對方心靈的大門，並在此基礎上並肩攜手，合作共事。自己真誠實在，表露真心，「敞開心扉給人看」，對方會感到你信任他，從而卸下猜疑、戒備心理，把你作為知心朋友，樂意向你訴說一切。心理學家認為，每個人的想法深處都有內隱閉鎖的一面，同時，又有開放的一面希望獲得他人的理解和信任。然而，開放是定向的，即向自己信得過的人開放。如果人們在發展人際關係中，能用誠信取代防備、猜疑，就能獲得出乎意料的好結局。

君子之交，是為了心靈的溝通，並不具有功利的想法。而它對華人影響之深也令人感歎。在一個特別重視交際、講究關係的民族中，是不該以「不善交際」為美德的。最重要的原因就是君子之交，因為它強調的是「淡、簡、文」，甚至「木訥」。

君子之交淡如水，是道家莊子的名言。與儒家《中庸》上的「君子之道，淡而不厭」，是一個道理。君子的交友之道，如淡淡的流水，長流不息，源遠流長。

## 掌握分寸

在人與人之間的相處，有一個問題非常重要，那就是「分寸」。

與人相處，幾乎每一分鐘，每一秒鐘，都必須要有分寸感。在我們日常的生活中，有時候也不免會跟別人吵起來。但即便是在情緒不能自已而吵架的時候，也要有分寸感。

有分寸感的人，在吵架的時候，能放，能收，能轉彎，能下臺，能適可而止，能留有餘地，能使對方知難而退，也能使自己保持主動。沒有分寸感的人，吵起架來，就一發不可收拾，弄成僵局，沒有轉彎迴旋的餘地。為了一些無足輕重的小事，發生很嚴重的爭吵，造成許多不便，是非常不值得的。

一個富有分寸感的人，是不會輕易跟別人吵起來的。很多事情，都能夠很有分寸地和對方商談、討論，曉以利害，動以真誠，擺事實，講道理，解除對方的疑慮，提出具體的建議。每一句話都能夠說得輕重適宜，進退有據，合情合理，婉轉動聽。很多糾紛、困擾、爭執、衝突都可以透過仔細的商量，切實的討論，找出解決的途徑，根本無須吵架。

我們生活中有那麼一種人，他們善於團結群眾，讓很多人同仇敵愾。他們都是分寸感極強的人。他們不但能夠控制自己的分寸，同時也善於調整別人的分寸。在許多不同的分寸之間，加加減減，異中求同，使各方面的人，都在他們的折衷調解中，找到一個解決的方案。

有時候，我們需要對那些犯了錯誤的人提出忠告或加以批評。這時，分寸感也是要細心地加以把握的。因此分寸感很強的人，當他需要批評別人的時候，他能夠把對方的錯誤，照實指出，對方不但不生氣，反而覺得心悅誠服，覺得他的話非常有道理，他的態度也真誠有禮。

可是如果說得太重了，超過了應有的分寸，那麼別人就算承認了錯誤，但心裡卻會很不好受，很不甘心。如果再重了一些，別人就可能不肯接受，甚至於動怒、發火，從此把你當做冤家，讓怨氣久久不散。批評的效果，就蕩然無存了。

## 無「度」不丈夫

交友，要嚴於律己，寬以待人。嚴於律己，就是要嚴格約束自己，做事儘量減少差錯；寬以待人，便是對人要寬厚容讓、和氣、大度。

蘇東坡年輕的時候有一個朋友，叫章惇，後來做上了宰相，執掌大權。他把持政局時，把蘇東坡發配嶺南，又貶至海南。後來，蘇東坡遇赦北歸，章惇正垮臺被放逐到嶺南的雷州半島。東坡聽到這個消息，給章惇寫了封信，說：聽到這個消息，我很驚嘆，這麼大年紀還得浪跡天涯，心情可想而知，好在雷州一帶雖偏遠，但無瘴氣。問候章惇的老母親，並說過去的就別提，多想想將來云云。可想而知，蘇東坡如此大度，章惇自是羞愧不已，一家人都對東坡心存感激。

蘇東坡的胸懷就是比一般的人寬廣，對一個幾乎將自己置於死地的人，在他落難時，還能盡朋友之責。人們常將一句古諺寫成「無毒不丈夫」，其實其全貌是「量小非君子，無度不丈夫」，這才是它的本來面目。

一個人不僅要自己的胸懷寬廣，度量恢宏，更要注意朋友的自尊。

一個人如果損失了金錢，那還可以再賺回來，一旦自尊心受到傷害，問題可大了。因為金錢沒了，還可以賺回來，心靈受了傷害，就不是那麼容易彌補的。也許你並無傷友之意，但往往由於一句話一件事傷害了別人，甚至可能為自己樹起了一個敵人。

要想重視友人的自尊心，必須先抑制自己的好勝心。如果總是旁若無人地使自己出盡風頭，一味地過癮，不僅得不到友情，還會傷了友人的自尊心。

沒有尊重就沒有友誼，好像沒有基石就不可能築起大廈一樣。那麼尊重從何開始呢心理學家告訴我們：尊重只有在自尊自愛的基礎上才能誕生。

做他人的朋友也意味著做自己的朋友。自尊自愛是件有益的事，希望人們自愛。懂得自愛的人往往關心自己，這不僅是在交際中的重要之事，也是為人處世的重要之事。可這不是追求個人成就，不是自我陶醉，也不是自私的表現。如果我們不懂得自愛，就會成為甘願犧牲自己的自我虐待者，或者成為沒有臉譜的塑像毛坯，等待著那些雕塑家來給我們造塑。自愛是要懂得愛自己，要瞭解自己，甚至連自己所謂的「缺陷」也要愛。要想自愛就要做到自尊。

有了自尊自愛，也就懂得了尊重朋友，尤其是你們出現意見分歧時。友情的價值全在於互相尊重對方，也在於互不傷害各自的獨創性。

孔子：「君子破此團結，但有不同的意，互相切磋。小人嗜好相同，破此勾心鬥角，互相偷襲。」

雙方掩飾自己而保持表面的一團和氣，這樣的友情對雙方都是有害無益的。

雙方都保持自己的個性，這樣才能越發相互信賴、長久，相互尊敬，建立真正的友情。當然，在某些特殊的場合，為了幫助朋友，有時需要損傷以至犧牲自己的利益，但這畢竟是在「萬一」的時候。平時，友情的基礎應該是雙方都不歪曲自己，照自己確信的方式生活，走自己嚮往的道路，在前進的道路上與朋友保持良好的關係，這是真正的友情。

## 結識新朋友，不忘老朋友

有一種朋友也是你不能忽略的，那就是在應酬場合認識，只交換名片，談不上交情的朋友。這種朋友各種行業各種階層都會有。你不可把這些名片丟掉，應該在名片中儘量記下這些人的特徵，以備再見面時能「一眼認出」。但有一點，名片帶回家，要依姓氏或專長、行業分類保存下來。你不必刻意去結交他們，但可以藉機在電話裡向他們請教一兩個專業問題，話裡自然要提一下你們碰面的場合，以喚起他對你的印象。有過「請教」的歷史，他對你的印象也會深刻些。當然，這種朋友不可能指望幫你什麼大忙，因為你們沒有進一步的交情，但幫小忙，為你解決一些小問題應該不會有太大的問題。

但你也應要知道，這些朋友有的會成為你的至交，有的也會中斷連絡。交朋友固然不必勉強自己和對方，但不妨採取更有彈性的做法，不投緣的也不必「拒絕往來」，你可以把他們歸納入你的「朋友檔案」。

有人用電腦建立朋友檔案，有人用筆記簿，有人則用名片簿，這些方法各有長處，不管用什麼方法，有幾點必須請大家記住。把你全部朋友的資料建立起來，對他們的專長也應有詳細的紀錄。他們的住所、工作有變動時，也應在你的資料上修正，以免有必要時找不到人，而要瞭解變動情形，則有賴於你平時和他們的聯繫。

「朋友檔案」的建立其實很簡單。

首先，把你在學校時的同學資料整理出來，並做成記錄。畢業數年後，你的同學會分散在各種不同的行業，有的可能成為其中佼佼者。當你需要時，憑著同學的關係，相信他們會給你某種程度的幫忙。這種同學關係，還可從大學向下延伸到高中、國中、小學。如能詳細掌握，這將是一筆相當大的資源。當然，要建立起這些同學關係檔案，當有同學會邀約時，就盡量前往參加，不僅連絡感情，還可隨時注意同學動態。

同學和朋友的資料是最不可疏忽的，你還可以記下他們的生日。如果你不嫌麻煩，在他們生日時寫上一張生日賀卡，或請吃個便飯，保證你們的關係突飛猛進，這些關係如果能妥善維持，就算他們一時幫不上你的忙，也會介紹他們的朋友來助你一臂之力。

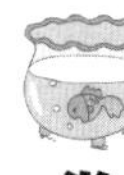

## 掌握好朋友間的距離

1.距離產生美

交友是人生一大樂趣，一旦遇到知己，便想使感情越來越好。願望是好的，但做法不足取。道家「雞犬之聲相聞，老死不相往來」這種「小國寡民」想法是一種極端的疏，不可取，但也不宜過分親密，到了不分你我的親近程度。凡過分親密必生摩擦，出矛盾，於是出言不遜，棍棒相加，你長我短，揭老底，戳痛點，雞犬不寧。調查一下鄰里關係不和諧的人家，你會發現他們大都曾經有過親密無間的往來史。所以朋友之間相處，特別是好朋友之間也需要掌握好分寸、火候，若即若離，不失為一種和諧之交。

「君子之交淡如水，小人之交甜如蜜」，這是莊子在論述交友之道時說的一句話。這句話的意思是，交朋友要保持水一般的細水長流滋味。如何理解這句話呢？就是說朋友之間的關係不可太過密切，比如你有事去找朋友，到朋友屋前時，恰好聽到裡面有人在和朋友交談，這時你該怎麼辦？有人會想，既然是朋友，乾脆推門進去就是了。其實不然，雖然是朋友，但你冒昧而入，打攪了人家談話，其結果通常是不好的。因此，你應該悄悄離去，另外再找合適的機會。或者去朋友家拜訪之前先打個電話約好時間，而不能認為是朋友就可以隨時登門。如果能做到這一點，你們的朋友關係一定可以很牢固持久。

與「君子」相對立的是「小人」。莊子指出：「小人之交甜如蜜」。這是講人與人之間的交往，倘若像甘飴一般地黏住對方，開始交往時一定很好，時間久了關係就會疏遠。因此，交朋友時要保持一定的距離，給自己同時也給對方，留下回味的餘地。

《菜根譚》的作者洪自誠在論交友時也說：「交友須帶三分俠氣。」俠氣須壓制三分，即與朋友相處，需要保持適當距離，不要過分地親密，這與莊子所說的「君子之交淡如水」相似。俠氣如果發揮到了八分、十分的地步，往往容易造成兩敗俱傷，如此友誼便無法永久持續。

朋友之間，在非原則問題上應謙和禮讓，寬厚仁慈，多點兒糊塗，但在大是大非面前，則應保持清醒，不能一團和氣。如果明明知道人在行不義不善之事，卻因他是長輩、上司、朋友而默許，這就是一種很自私的趨避。有時候，立定了腳跟做人，的確是會冒風險的，也可能會受到暫時的委屈，受到別人的不理解，但是這種公正的品德，最終會贏得人們的尊敬。

2.不能過分依賴朋友

在生活中，你隨時可以看到孩子反抗父母的現象，這是父母企圖控制他的全部生活。同時你也可以看到，有的父母為不能走出自己懷抱的孩子發愁。

朋友之間也存在著這種現象，但很少有人願意承認。沒有人對你明說，你是某種意義的控制者或依賴者，你希望這些不屬於友誼的範疇，只不過是習慣罷了，但它卻影響著你與朋友的關係。如果你擺出控制者或依賴者的架勢，你就不可能體會友誼的真正含義，你也不是一位真正的朋友。

健全的和不健全的朋友之間有一條細微的幾乎模糊不清的界限，有些人與朋友的關係惡化，令人失望或極其令人不滿，他們往往無法區分健全的和不健全的友誼。

其實，要區分這兩種友誼並不是件十分困難的事情。所謂健全，就是指人們從這種友誼中得到樂趣，雙方平等，互相幫助，有來有往。所謂不健全，是指雙方的關係不平衡，一方總是依賴於另一方，唯他（她）是從，一方總想控制另一方，一切以自己的意願辦事。

小美坐在客廳裡，緊握著拳頭氣憤地說：「我永遠也改變不了她，我一錯再錯！」小美所指的她，是一次又一次地成功勸她做這做那的朋友嘉莉。這一回，她又聽了嘉莉的意見，把她的廚房糊上一層最新式的紅白條壁紙。「我們一塊去商店選中了這種壁紙，因為嘉莉喜歡這一種，說這壁紙能使整個房間亮起來。我聽了她的話，而現在，是我在這個蠟燭條式的牢房裡做飯。我討厭它！」「我怎麼也不習慣，這一折騰，既浪費了錢，又一時無法改變。」

小美意識到自己不僅是對選壁紙一事憤怒，而更主要的是氣憤自己又受了嘉莉意志的擺佈，嘉莉認為她的廚房黑暗，給人憂鬱感，而壁紙能使它亮起來。同樣也是嘉莉，說小美的兒子太胖了，勸她叫兒子節食。她還說她的房子太小，使她為此又花了一筆錢。起初，她認為嘉莉在許多方面都是專家，就像孩子崇拜父母一樣崇拜她。

小美意識到自己的問題主要是感到不愉快，她懷疑自己的憂鬱症來自朋友。逐漸地，她發現是嘉莉造成的。

其實小美問題的關鍵在於沒有學會尊重自己的意見，沒有學會自愛。過去她的意見總要事先受嘉莉的審查。後來她有了進步，儘管一起逛街時，嘉莉總唸道穿高跟鞋不好，「跟太高，價也太貴」，但小美還是買了，「因為我喜歡，你可以想像當時嘉莉的臉色多難看！」最有趣的是，最後嘉莉自己也買了一雙同樣的鞋，因為款式很時髦。

小美現在所做的調整只是與另一個女人的關係的界限，她仍然把嘉莉當做好朋友。中斷友情或逃避現實都不能解決她的問題，因為還會有別的嘉莉，她還必須跟她們處理好關係。她還需要經過幾個階段的努力，才能完全擺脫嘉莉式的控制，她們才能成為平等的真心朋友。

並不是每個人都有類似的朋友，在特殊的情況下，有的人願意受朋友控制，那是因為他缺乏主見，產生了對朋友的依賴，而過分的依賴會讓朋友產生厭煩感。

蘇珊是位年輕婦女，她願意讓一位朋友擺佈她的生活。與小美不同的是，小美不是主動要求受擺佈，而蘇珊卻是主動要求受控制。當她的垃圾處理裝置出毛病後，她給好朋友麗琪打電話，問她怎麼辦。訂閱的雜誌期滿後，她也去問麗琪是否再繼續訂。有時她不知晚飯該吃什麼時，也給麗琪打電話問她的意見。麗琪一直像個稱職的母親一樣，直到有一天出了亂子，那天麗琪的兒子摔了跤，胳膊上給劃了個口子，需要縫針。由於非常疲倦，麗琪嚴厲地說道：「天啊！看在上帝的份上，蘇珊，妳能不能自己想想辦法？就這一次！」說完就掛了電話。

蘇珊對麗琪的拒絕感到迷惑不解，她說：「我還以為麗琪是我的朋友呢。」

如果連很小的問題你也要聽朋友的意見的話，那你就是剛學走路的小孩子，不過如果能認識到這個錯誤，你成熟得就會快些。

3.不要苛責朋友

有的人對朋友有依賴感，經常聽取朋友的意見，把朋友的建議作為行動的催化劑，但事後又把責任歸罪於這個無辜的建議者，這種情況，有時竟達到荒唐的地步。

有這樣一個例子，一個人寫了一部小說，請幾位朋友看了並希望他們提意見。他總是認真考慮這些建議是否重要，有無價值之後才採納。他有一位在出版社工作的朋友好心地告訴他，說他應該聘僱一位出版代理人，說這是推銷他的書的最好辦法。他採納了這個朋友的意見，很快地列出一系列代理人的名單。幾個月中，他拿著手稿逐一去找這些代理人，而不去找圖書出版商。每次代理人總是讀了他的作品以後說不行，又把稿子退給他。這樣往返多次後，他發現這些人根本就沒把他這樣的新作者放在眼裡。他責備那個給他建議的朋友，說他故意害他，讓他徒勞一場，浪費了時間，卻絲毫不從自己身上找原因，從不想想自己作品的品質是否合格。

如果我們願意採納別人的意見，就應該對自己的行為負責。即使對方的意見有

錯，也不應責備對方。事實上，如果我們不允許，朋友根本無法控制或者破壞我們的生活，因為掌握自己命運的是我們自己而不是別人。

4.「朋友」也不可輕信

俗語說：「多個朋友多條路」，其實「朋友」不僅是「路」，是資訊，是聲勢，是捧月眾星，是成交的鵲橋，是躲難的法寶。但有時也是一劑足以讓你失去判斷力的迷藥。

「朋友」在中國傳統中是兩彎相映的明月組合，講究肝膽相照，義字當先，可惜當今正在為一個「利」字浸泡。如今，有些「朋友」確實像一些按摩情感的騙子和強盜！朋友一起合夥開店，集資開工廠，有幾個不是虧則扯皮拉筋，賺則打鬥紅眼的？一個眾人爭當淘金客的時代，一個個體意識代替集體意識，存在意識代替理想意識，金錢意識代替事業意識的年月，梁山泊之大秤分金、大塊吃肉、大碗喝酒之遺風能不擱淺？

因此，告誡大家：在生意場上交朋友，一定要提高警惕，擦亮眼睛，謹防上當受騙！

## 說服人前先瞭解人

「知己知彼，百戰百勝」這句老話，是很有道理的。戰爭如此，說服人也必須如此。在說服對方之前，必須透徹地瞭解被說服對象的背景情況，以便針對目的進行說服工作。瞭解的內容主要有：

1. 瞭解對方性格：不同性格的人，對接受他人意見的方式和敏感程度不一樣。如：是性格急躁的人，還是性格穩重的人；是自負又胸無點墨的人，還是真才實學又很謙虛的人。掌握了對方的性格，就可以按照他的性格特徵，有目的進行說服工作。

2. 瞭解對方的長處：一個人的長處就是他最熟悉、最瞭解、最易理解的領域。如：有人擅長文藝，有人擅長語言，有人擅長交際，有人擅長計算……等。在說服人的時候，要從對方的長處人手。第一，能和他談到共同的話題；第二，在他所擅長的領域裡，談論起來使他容易理解，這樣便容易說服他；第三，能將他的長處作為說服他的一個有利條件。例如一個伶牙俐齒、善於交際的人，在交付他工作時可以說：「你在這方面比別人具有難得的才能，這是發揮你潛在能力的一個最好機會」。這樣說既有理有據，又能表明主管對他的信任，還能引起他對新工作的興趣。

3. 瞭解對方的興趣：有人喜歡繪畫，有人喜歡音樂，還有人喜歡下棋、集郵、書法、寫作等，人人都喜歡從事和談論自己最感興趣的事物。從這裡人手，打開他的「話匣子」，再對他進行說服，便較容易達到說服的目的。

4. 瞭解對方的其他想法：一個人堅持一種想法，絕不是偶然的，他必定有自己的理由，而且他講的道理一般都符合群體的利益或是人之常情。但這常常不是他的真實想法，因為他怕把自己的真實想法拿出來會被人瞧不起，因此常常難於啟齒。如果能真正瞭解他的「苦衷」，就能有針對問題而加以解決。

5. 體諒對方當時的情緒：一般說來，影響對方情緒的因素有：一是談話前對方因其他事所造成的心緒仍在起作用；二是談話當時對方的注意力正集中在哪裡；三是對說服者的看法和態度。所以說服者在開始說服之前，要設法瞭解他當時的想法動態和情緒，這對說服的成敗，是一個重要的環節。

凡此種種，你都要悉心研究，才能夠針對目的性地讓對方願意接納你的說服內容。

瞭解對方是有許多學問的。許多人不能說服別人，是因為他不仔細研究對方，不研究用適當的表達方式，就急忙下結論，還以為「一眼看穿了別人」。這就像那些粗心的醫生，對病人病情不瞭解就開了藥方，當然沒有不碰釘子的。

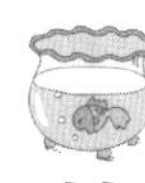

## 以德報怨

以德報怨，化敵為友，這是迎戰那些終日想讓你難堪的卑鄙小人所採取的上上之策。這樣做，雖然不能根治那些擁有卑鄙齷齪病態的人，但至少可以讓他停止散佈有關你的謊言。

你完全可以相信，那些極力攻擊你，故意與你鬧對立、設法捉弄你的人，都是對自己處境不滿的人。因為他們在精神上的不平衡，使他將氣憤發洩到你的身上。他很不成熟，以至於無法認清自身問題所在。他既可悲又可恨，是軟弱、空虛、沒有力量的人，是生活中的失敗者。

當你遭到攻擊時，請想一想這句名言吧：「我不理會其他人所做的種種卑鄙齷齪的舉動。」這是偉大人物常用的思考方式。

## 相逢一笑泯恩仇

人的心裡常都有不解之氣，所以，朋友說的話，你若覺得不堪入耳，就不妨充耳不聞；朋友的行為，你若覺得不順眼，如果是無關緊要的小事，不妨視而不見。何必過分認真，一定要報以尖刻的回應？與你無關的固然不該予以反擊，即使與你有關的，也應該接受而不怨。何況朋友的說話行為，如能平心靜氣地思考一下，也未必對你有害。如果他說的不是事實，何必對謊言生氣，如果他說的真是確有其事，那就是你的良師益友，何必為此而生氣呢？

佛界有一幅名聯：「大肚能容，容天下難容之事；開懷大笑，笑世間可笑之人。」古人還常說：「將軍額上能跑馬，宰相肚裡可撐船。」這些話無非是強調為人處事要豁達大度。

我們在社會交往中，人與人之間經常會發生一些矛盾，有的是由於認知水準不同，有的是因為一時的誤解造成的。如果我們都能大度一些，置區區小私於不顧，一定會使矛盾緩和，消除積怨，重新贏得友誼的。

# 第6章

# 與同事交際良好的應酬術

## 學會同事間的應酬

如果有同事表示要請客祝賀你，你是怎樣反應呢？

當然要答應，否則就是不賞臉，不接受人家的好意。不過，答應之餘必須考慮：對方一向與你麻吉的很，純是出於一片真心，還是彼此只屬泛泛之交，此舉只是單純屬於「拍馬屁」。如果是前者，你自然可以開懷大飲。後者嘛，吃完之後最好反過來做東買單，既沒接受他的殷勤，又沒有開罪對方，甚至把關係又拉近了一步。

開歡迎會的主旨是聯絡感情，開歡送會則表示合作愉快結束或感謝過去的幫忙。所以，前者你不必一定出席，除非你的工作是公關或人事部。這樣更顯得你有獨具風格，何況既是新同事，還愁他日沒有機會互相瞭解嗎？

至於後者，就比較複雜，應該小心衡量一下：這位同事與你有沒有關係如果是交情泛泛的，可以不必參加聚會，但送一張慰問卡是必要的，那是禮貌。何況「山不轉路轉」，他日你們或許有機會共事。要是常常接觸的，但交情普通，則不管於公於私都應該出席聚會，分手時，最好表示你的祝福。若對方是你的助手或更親密的拍檔，最好是既參加大夥兒的聚會，又私下請對方吃一頓，或是送一點紀念品，以表示你的感謝和友情。

有位同事生日，於是有人提議給他慶祝一番，你樂意加入行列，但替別人高興之餘，卻又有點酸溜溜，大概你會想：為什麼同事們從來沒有為你慶祝生日他們真偏心！

其實，這不說明你在他們心中沒有佔地位，人際關係欠佳所致。要想改變這種情況，奉勸你要積極一點了。先邁出你的第一步吧！而這一步不妨多找藉口，才不致顯得太突然。當你成功完成一件任務或者獲升職加薪，又或適逢生日時，不妨自掏腰包。向公司的秘書小姐說：「今天是我生日，我請大家吃晚飯，請代我安排一下吧，但請告訴任何人，我不收禮物！」

在相互傳遞消息的情形下，同事必然會替你高興，無論是已經與你熟悉的，還是疏遠的，在這種情況下，起碼對你留下良好印象。日後有賴你的積極努力。

在同事家做客，在進家門之前，先要去掉身上的灰塵，擦去鞋上的泥土，然後敲門再走進去。雨具、外衣等要放到主人指定的地方。如果主人比自己年長，主人沒坐下，自己不宜先坐下。自己的交通工具如自行車要鎖好，放在不影響他人經過的地方，如果放的位置不好或忘鎖被盜，不僅自己受損失，也給主人帶來麻煩。

受歡迎的人絕不大剌剌地徑直坐到席上，主人力邀才能「就座」，等人時不要左顧右盼；主人奉茶之後，先擱下來，在談話之間啜之最為禮貌。

主人向自己介紹新朋友時，一定要站起來，以表示友好，同時一定要在第一次介紹中記住對方的姓名，免得談話裡不好稱呼。對一些自己不認識的長輩或主管，要主動站起來先自我介紹，讓對方瞭解自己。介紹自己要親切有禮，態度要謙恭，不能自我吹噓。

應酬之中應懂得吸菸屬個人嗜好，有人喜歡有人討厭，吸菸前一定要徵得別人、特別是女主人的同意，免得引起人家反感。如果主人家未置菸灰缸，多半是禁菸的。如果掏菸點火，讓主人匆忙替你找菸灰缸，是不尊重人的舉動。

同事應酬中沒有永遠的主人或永遠的客人，做個懂禮貌的客人當然重要，做個能得體待客的主人也要緊得很。事先得知同事將來訪，要提前準備好茶具、菸具。

客人進門後，要熱情迎接並請上座。如果客人是遠道而來，要問問是否用過餐。對一般客人，在飯前只給菸茶就可以了，茶壺可以放在桌上，對尊敬的客人或主管，長輩、同事，則先把茶沏好送過去。

如果是「不速之客」，也要起立相迎。室內來不及清理，應向客人致歉。不宜當著客人的面趕忙掃地，弄得滿屋灰塵。接待時，要問明來意。比方說：「你今天怎麼抽空來了呢！」對方如答：「有事要麻煩您。」可又不一下子直說出來。就不要立即追問，恐怕是因為還有家中其他人在場，不好開口。那就不妨改變一下接待方式。

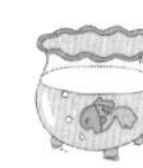

## 保持最佳距離

在任何時候和同事們保持合適距離，才會成為一個真正受歡迎的人。

你應當學會體諒別人，不論職位高低，每個人都有自己的工作範圍和責任，所以在權力上，千萬不要喧賓奪主。但也不能說「這不是我的事」這類的話，過於涇渭分明，只會破壞同事間的關係。在籌備一個任務前，應該謙虛地問上司：「我們希望得到些什麼？」「要任務順利完成，我們應該再做些什麼？」

不要在背後議論別人長短。比較小氣和好奇心重的人，聚在一起難免說長道短。你一定不要加入他們的一夥，偶爾批評或調笑一些公司以外的人，倒無所謂，但對同事的弱點或私事，保持沉默才是聰明的做法。

公私分明也是重要的一點。同事眾多，總有一兩個跟你特別投機，可能私底下成了好朋友。但不管你職位比他高或低，不能因為關係好而進行偏護縱容，一個公私不分的人，是成不了大事的，更何況上司對這類人最討厭，認為這是不能信賴的人。所以你應該要知道分寸。

與同事相處，太遠了顯然不好，人家會誤認為你不合群、孤僻、性格高傲；太近了也不好，因為這樣容易讓別人說閒話，而且也容易使上司誤解，認定你是在搞小團體結幫結派。所以不即不離、不遠不近的同事關係，才是最合適和最理想的。

有人認為好朋友最好不要在工作上合作，這句話有一定道理。一天，公司來了一位新同事，他不是別人，正是你的好朋友，而且，他竟被分配成為你的搭檔。如果上司將他交與你，你首先要向他介紹公司分工和其他制度。而不能跟他拍肩膀拉關係，以免惹來閒言碎語。大前提是公私分明。在公司裡，他是你的搭檔，你倆必須忠誠合作，才會有良好的工作效果。私底下，你倆十分瞭解對方關心對方，但這些表現最好留到下班以後，你倆可以跟往常一樣一起去逛街、閒談、買東西、打球，完全沒有分別，只是奉勸你一句，此時少提公事。

還有一種情況就是：當一位舊同事重返公司工作時，你也要注意自己的態度。因為舊人對你和公司都有一定的瞭解，雖然和他並不需要時間去適應，但是首先你得清楚，這位舊同事以前的職級如何？他的作風屬哪類型？與你的關係怎樣？如今重返舊巢，他的地位會有所改變嗎？

如果他以前與你共事過，請不要在人前人後再提以往的事，就當是新同事合作吧，這樣可以避免大家尷尬。要是他過去與你不相干，如今卻成了搭檔，不妨向對他有些瞭解的同事查詢一下他的情況，但注意要裝作輕描淡寫，不留痕跡。

## 給對方下台階的原則

聰明的人在與其他同事交往的過程中，說話辦事有理有據、有禮有節，很有分寸，從不把話說死說絕，說得自己毫無退路可走。

人人都有自尊心和虛榮感，甚至連乞丐都不收嗟來之食，那正是因為太傷自尊，太沒面子，更何況是地位相當、平起平坐的同事？縱使難相處的同事犯錯，而你是對的，但如果沒有為他保留面子，你就會毀了一個人。

保留他人的面子！這是很重要的問題。而很多人卻很少會考慮到這個問題。他們常喜歡擺架子，我行我素，在眾人面前指責同事，而沒有考慮到是否傷了他們的自尊心。其實只要多考慮幾分鐘，講幾句關心的話，為他人設身處地想一下，就可以緩和許多不愉快的場面。

《聖經．馬太福音》裡有句話：「你希望別人怎樣對待你，你就應該怎樣對待別人。」這句話被大多數西方人視為待人接物的「黃金準則」。真正有遠見的人不僅要在與同事的日常交往中為自己積累最大限度的「人緣」，同時也會給對方留有相當大的迴轉餘地。給別人留面子，其實也就是給自己掙面子。言談交往中少用一些「絕對肯定」或感情色彩太強烈的語言，而適當多用一些「可能」、「也許」、「我試試看」和某些感情色彩不強烈、褒貶意義不太明確的中性詞，以便自己「伸縮自如」是相當可取的。

你是否遇到過這樣的尷尬：剛剛換到一個新的工作崗位上，總會感到萬分彆扭，戰戰兢兢，對很多事情都是既新鮮又提防，總想儘快磨合，適應新環境，可是一些難相處的同事卻是對你愛理不理，甚至在一些事情上還故意跟你作對，使你覺得無所適從。這時你該如何面對這種處境呢？最好不要再寄予希望對方向你伸出援助之手，哪怕自己多辛苦些，延長點工作時間。也不要想盡辦法要求對方的幫忙，否則搞不好還會弄巧成拙，徒添煩惱。你不要與他斤斤計較，目前要努力完成自己的任務，你要給對方時間，他對你這個新同事有個逐漸接受的過程。或者你可以嘗試著去瞭解他們，儘量做到化敵為友。同時還應捫心自問，無法與對方好好合作的原因究竟出在對方，還是出在自己的身上？自己是不是也應該負一點責任，努力營造愉快融洽的氣氛？

與同事相交，應本乎誠，當他需要你的意見時，不要使勁給他戴高帽，做無意義的讚歎；而當他遇到任何工作中的困難時，要盡力而為伸出援助之手，而不是冷眼旁觀、落井下石或乘人之危；當同事無意中冒犯了你，又忘記或根本沒意識到說聲「對不起」時，也應該有一個寬宏、豁達的態度，真心真意原諒他，日後一旦要有求於你，還要毫不猶豫地幫助他。這都是給難相處同事面子的表現。你也許會問：明明我有理，為什麼還要給他們那麼大面子呢？原因很簡單，因為他是你的同事，你不能夠得理就不饒人，不給別人面子，畢竟你每天有三分之一或更多的時間與同事相處在一起，你能否從工作中獲得快樂與滿足，同事們都扮演著一個很重要的角色。

試想，如果一大早你滿懷熱情地衝進辦公室，準備大拚一場時，竟發現人人對你視若無睹，誰都不願主動與你說話，更不會有人與你傾吐工作中的苦與樂，你還會有心情好好工作嗎？

當然沒有！因為你現在只想知道：這是為什麼？

那麼，你可以仔細想一想自己是否有以下表現：

當大家難得聚在一起聊天的時候，你是否仍然自命清高地去做自己的工作，從來不走過去參與其中，開上一些無傷大雅的玩笑或談些家務瑣事？

你是否很不負責地隨便把同事告訴你的話轉告了上司？

當同事在你面前有意無意地表現自己有多能幹，有多受上司的寵幸，你是否不但從不稱讚、祝賀他們，還總是顯出一副不以為然並頗帶嫉妒的樣子？

所有的這一切都是你不給別人面子，所以別人才以冷漠回應你。

同事相處主要的就是相互合作，共同做事。要合作愉快，就要和善、真誠，如果始終心存芥蒂，又寸步不讓，最終就只會弄得成事不足、敗事有餘。你知道這樣做的後果是多麼的可怕。

戰國時代有個名叫中山的小國。有一次，中山的國君設宴款待國內名士。當時正巧羊肉羹不夠了，無法讓在場的人全都喝到，有一個沒有喝到羊肉羹的人叫司馬于期懷恨在心，便到楚國勸楚王攻打中山國。

楚國是個強國，攻打中山國易如反掌。中山被攻破，國王逃到國外。他逃走時發現有兩個人手拿戈跟隨他，便問：「你們來幹什麼？」兩個人回答：「從前有一個人曾因獲得您賜予的一壺食物而免於餓死，我們是他的兒子。臣的父親臨死前囑咐，中山有任何事變，我們必須竭盡全力，甚至不惜以死報效國王。」中山國君聽後，感歎地說：「怨不期深淺，其於傷心。吾以一杯羊肉羹而失國矣。」意思是，給與不在乎數量多少，而在於別人是否需要。施怨不在乎深淺，而在於是否傷了別人的心。我因為一杯羊肉羹而亡國，卻由於一壺食物而得到兩位勇士。

這段話道出人際關係的微妙。一個人如果失去了少許金錢，尚不至於發此大怒。但面子受到損害卻不是輕易就可彌補的，甚至可能為自己樹立一個敵人。中山國王因一杯羊肉羹而失國，卻因一壺食物而得兩勇士的故事是一個非常鮮明的對比。這對我們是一個深刻的教訓和有益的啟發。

生活中，多個朋友就多條路，多個敵人就多堵牆，這個道理是放諸四海皆準的。不能與人團結，不僅會使自己在生活中邁不開步，即使是正常的工作，也會遇到種種不應有的麻煩。

要給難相處的同事留面子，你首先要養成絕對不去指責他們的習慣。指責是對人的面子的一種傷害，它只能促使對方站起來維護他的榮譽，為自己辯解，即使當時不能，他也會在日後尋機報復。

對於他人明顯的錯誤，你最好不要直接糾正，否則會好像要故意顯得你很高明，因而傷了別人的面子。在工作中一定要記住，凡非原則之爭，要多給對方取勝的機會，這樣不僅可以避免樹敵，而且也可使對方的某種「報復」得到滿足。對於原則性的錯誤，你也得儘量含蓄的示意。

給別人面子，就能贏得友誼、理解和發展，化干戈為玉帛。「沒有人喜歡挨耳光，也沒有人會拒好意於千里之外」，這話真是再英明不過了。假如由於你的過失傷害了別人，你得及時向人家道歉，這樣的舉動可以化敵為友，徹底消除對方的敵意。說不定你們會相處得更好。「不打不相識」這句俗語即包含了這一哲理。

另外，還有一點需要注意，那就是與人爭吵時不要非佔上風不可。實際上，爭吵中沒有勝利者。即使口頭勝利了，你也會因此樹立一個對你心懷怨恨的敵人。爭吵總有一定原因，總是為了一定目的。如果你想使問題得到解決，就絕不要採取爭吵的方式。

如果只是因為日常生活中觀點不同而引發的爭論，就應避免爭個高低。如果你一面公開提出自己的主張，一面又對所有不同的意見進行抨擊，那就太不明智了。你這樣做不但沒有給他們留面子，反而幾乎強迫自己孤立，就此止步不前，甚至引火焚身，後患無窮。由於傷害別人的面子而導致結怨於人，既不利己，也不利人，實在不足取。

## 善於傾聽

在交往中，每個人都希望能得到別人的肯定性評價，也都在不自覺中強烈維護著自己的形象和尊嚴，如果一個人對某人過分地顯示出高人一等的優越感，那麼無形之中是對那個某人自尊的一種挑戰與輕視，同時排斥心理乃至敵意也就應運而生。

法國哲學家羅西法古說：「如果你要得到仇人，就表現得比你的朋友優越；如果你要得到朋友，就要讓你的朋友表現得比你優越。」這句話很對。當我們讓朋友表現得比我們優越時，他們就會有一種得到肯定的感覺，但是當我們表現得比他還優越時，他們就會產生一種自卑感，甚至對我們產生敵視情緒。

日常工作中就不難發現這樣的同事，他們雖然思路敏捷，口若懸河，但剛說幾句就令人感到狂妄，所以很難讓人與他苟同。這種人多數都是因為太愛表現自己，總是想讓別人知道自己很有能力，處處想顯示自己的優越感，以為這樣才能獲得他人的敬佩和認可，其實結果適得其反，這樣做只會在同事中失掉威信。

在這個世界裡，那些謙虛豁達的人總能贏得更多的知己，相反的，那些妄自尊大、小看別人、高看自己的人總是令別人反感，導致最終在交往中使自己到處碰壁。

何先生是某一位很得人緣的人，照理說執行人事調配工作很難不得罪人，可他卻是個例外。

在他剛到人事部門時，在同事中幾乎連一個朋友都沒有。因為他正春風得意，對自己的機遇和才能十分滿意。所以每天都使勁吹噓自己在工作中的成績，每天有多少人找他幫忙，哪個幾乎記不清名字的人昨天又硬是給他送了禮等等，但同事們聽了之後不僅不讚賞，而且還極不高興，後來還是由當了多年主管的老父親點撥，

他才意識到自己的毛病到底在哪裡。從此以後便很少談自己而多聽同事說話，因為他們也有很多事情要吹噓，把自己的成就說出來，遠比聽別人吹噓更令他們興奮。後來，每當他與同事閒聊，總是先請對方滔滔不絕地表現自己的優越感，只有在對方停下來問他的時候，才很謙虛地說一下自己的情況。

老子曾說：「良賈深藏若虛，君子盛德，容貌若愚」，是說商人總是隱藏其寶物，而君子品德高尚，外貌卻顯得愚笨。這句話告訴我們，平時要斂其鋒芒，收其銳氣，千萬不要不分場地將自己的才能讓人一覽無餘。你的長處短處被同事看透，就很容易被他們支配。

另外還要謙虛一些，謙虛的人往往能得到別人的信賴，因為謙虛，別人才不會認為你對他有威脅。這樣你就會贏得別人的尊重，更好地與同事建立關係。

所以，我們對自己要輕描淡寫。我們必須學會謙虛，只有這樣，我們才能受到別人的歡迎。為此，卡內基曾有過一番妙論：「你有什麼可以值得炫耀的嗎？你知道是什麼原因使你沒有成為白癡的嗎？其實不是什麼了不起的東西，只不過是你甲狀腺中的碘而已，價值並不高，才五分錢。如果別人割開你頸部的甲狀腺，取出一點點的碘，你就變成一個白癡了。在藥房中五分錢就可以買到這些碘，這就是使你沒有住在瘋人院的東西——價值五分錢的東西，有什麼好談的呢！」

## 「直腸子」要不得

心怡是一公司的中級職員，她的心地是公認地「好」，可是一直升不了職。和她同年齡、同時進公司的同事，不是外調獨當一面，就是成了她的頂頭上司。另外，別人雖然都稱讚她「好」，但她的朋友並不多，不但下了班沒有「應酬」，在公司裡也常獨來獨往，好像不大受歡迎的樣子……。

其實心怡能力並不差，也有相當好的觀察、分析能力，問題是，她說話太直了，總是直話直說，不加修飾，於是直接、間接地影響了她的人際關係。

其實「直腸子」是人性中一種很可愛、很值得大家珍惜的特質，因為也唯有這種直腸子的人，才能讓是非得以分明，讓正義邪惡得以分明，讓美和醜得以分明，讓人的優缺點得以分明。只是在現實社會裡，「直腸子」卻是有這種性格的人的致命傷，理由如下：

直腸子的人說話時常只看到現象或問題，也常只考慮到自己的「不吐不快」，而不去考慮旁人的立場、觀念、性格。他的話有可能是一派胡言，但也有可能鞭辟入裡。鞭辟入裡的直話直說因為直指核心，讓當事人不得不啟動自衛系統，若招架不住，恐怕就懷恨在心了。所以，直話直說不論是對人或對事，都會讓人受不了，於是人際關係就出現了阻礙，別人寧可離你遠遠的，免得一不小心就要承受你的直話直說；不能離你遠遠的，那就想辦法把你趕得遠遠的，眼不見為淨，耳不聽為靜。

直腸子的人一般都具有「正義傾向」的性格，言語的爆發力及殺傷力也很強，所以有時候這種人也會變成別人利用的對象，鼓動你去揭發某事的不法，去攻擊某人的不公。不管成效如何，這種人總要成為犧牲品：成效好，鼓動你的人坐享成果，但你卻分享不到多少；成效不好，你必定成為別人的眼中釘，是排名第一的報復對象。

所以，在現實社會裡，直腸子是一把傷人又傷己的雙面利刃，而不是劈荊斬棘的「開山刀」，有這種直腸子個性的人應深思，並且建立幾個觀念：

對人方面，少直言指陳他人處事的不當，或糾正他人性格上的弱點。這不是「愛之深，責之切」，而是和他過不去；而且，你的直話直說也不會產生多少效用，因為每個人都有一個內心堡壘，「自我」便縮藏在裡面，你的直話直說恰好把他的堡壘攻破，把他從堡壘裡揪出來，他當然不會高興！因此，能不講就不要講，要講就迂迴地講，點到為止地講，他如果不聽，那是他的事！

對事方面，少去批評其中的不當。事是人計畫的、人做的，因此批評「事」也就批評了「人」，所謂「對事不對人」，這只是「障眼法」。除非你力量大、地位夠，否則直話直說只會替自己帶來麻煩！如果能改變事實，這麻煩倒還值得；如果不能，還是閉上嘴巴吧！如果非講不可，切記，你也只能婉轉的講。

## 不著痕跡的表現自我

善於自我表現的人，常常表現了自己又不著痕跡。他們與同事進行交談時喜歡用「我們」而很少用「我」。因為「我」這個字給了人一種距離感，而「我們」則使人倍感親切。因為「我們」代表著他人也參加的意思，能給人一種「參與感」，還會在不知不覺中把意見相左的人劃為同一立場，並按照自己的意圖影響他人。

真正善於自我表現的人從來沒有停頓的習慣，因為停頓的語氣可能被看是猶豫，也可能讓人覺得是一種敷衍、傲慢的態度，很令人反感。

真正的展示教養與才華的自我表現本來無可厚非，只有刻意地自我表現才是最愚蠢的。如果我們不過是要在別人面前表現自己，而使別人對我們感興趣的話，我們將不會有真實而誠摯的朋友。所以真正的朋友並不是以這種交往方法來獲得的。

表現自己其實並沒有錯。在當今社會，充分發揮自己，充分表現出自己的才能和優勢，是適應時代挑戰的必然選擇。但是表現自己必須分場合、形式，如果過於表現，使人看上去矯揉造作，一點都不自然，好像是做樣子給別人看似的，那就要另當別論。

志清是一家大公司的高級職員，平時工作積極主動，表現很好，待人也熱情大方。但是有一天，一個小小的動作卻使他的形象在同事眼中一落千丈。

當時在會議室裡，許多人都等著開會，其中一位同事發現地板有些髒，便主動拖起地來。而志清似乎有些身體不舒服，一直站在窗臺邊往樓下看。突然，他急步走過來，叫那位同事把手中的拖把給他，同事不肯，可志清卻執意要求，那位同事只好把拖把給了他。

志清把拖把接到手剛過一會兒，總經理推門而入。而他正拿著拖把勤勤懇懇、一絲不苟地拖著。從此，大家再看志清時，頓覺他虛偽了許多。從前的良好形象被這一個小動作丟得一乾二淨。

在職場上，往往有許多人不善於掌握熱忱和刻意表現之間的區別。許多人總把一腔熱忱的行為搞得像是故意裝出來的，也就是說，這些人學會的是表現自己，而不是真正的熱忱。

熱忱絕不等於刻意表現。在應當拚搏的時間拚上一場；在需要關心的時候關心他人；真誠的態度自然使人想要接近。其實自我表現是人天性中最主要的因素。人喜歡表現自己就像畫眉喜歡炫耀聲音一樣正常。但刻意的自我表現就會使自然變得做作、熱忱變得虛偽、最終的效果將適得其反。

許多人在談話中不論是不是以自己為主題，總是有突顯自己表現自我的毛病。這種人雖說可能被人誤認為具有辯才，但是也可能被認為是口無遮攔顯得輕浮等等，最後終會暴露出他的自我顯示欲，因而使別人產生排斥感和不快情緒。

## 同事與朋友之間的距離

當同事成了朋友，首先是好事。但是，如果處理不好這種同事加朋友的關係，就會造成許多意料之外的麻煩。建議是公事公辦，出了公司再作朋友。

在許多公司裡，最明顯的分界就是工作和私人關係。這一點十分明顯地體現於上級和下屬的間接關係上。

這並非說，透過工作不能發展成為親密和持久的私人友情；許多人都在工作中進行著他們主要的社會接觸。然而地位的不同，又確實制約了發展真正友誼的可能性。假如你與一位部屬關係很好，你就有可能在工作中遇到管理方面的困難。例如：一位管理人員與他一名部屬成了親密無間的好朋友。他們一起游泳，彼此邀請對方吃飯，很長一段時間他們都有規律地彼此交往。一天，由於某個工程項目最後期限的壓力，這位管理人員吩咐他的這位部屬關心一下工作。結果他們爭執了起來，導致憤怒的對抗。這位管理人員這才發現到私人關係會妨礙他正常行使權利的職責。

在這種情況下，衝突的雙方都是根據自己不同的觀點。這位部屬可能認為是管理人員對他不公平；而這位管理人員又認為這位部屬應該照章辦事。其中任何一方都有一定道理。問題的關鍵是私人的友誼使工作關係變得更為尷尬更難處理了。

如果你和部屬或上司是好朋友，務必要記住私人關係和工作關係之間應保持一定的距離。如果你們雙方都明白兩種關係是互相衝突的，並深知其含意，你就可以與一位部屬或上司親密地交往而又絲毫不影響工作。

即使是同事間形成了友誼，外界的友誼往往也會妨礙正常的工作關係。必須注意這兩種形式的關係不能以同樣的方式來處理，更不能讓兩種關係彼此互相干擾。如：兩位部門經理成了好朋友，當這兩個部門之間發生了衝突時，他們之間的工作關係和私交都會發生變化。他們首先必須解決工作上的問題，並且彼此間就某些規則要達成共識。當他們在工作以外處理私人關係的時候則一概不能談工作；同時，他們不能使私人方面的關係影響到工作關係；再次，也不要讓他們的工作關係破壞私人友誼。

職場人際關係這一問題不僅僅侷限於友誼。譬如當你透過親戚謀得了一份職業，你該怎麼做呢？首先，這樣的工作安排是不能公開談論的。如果你是在這種情況下受聘的員工，你必須知道：你雖然透過親戚謀得了這份工作，但為了證明你是稱職的，和別人相較起來，你必須付出雙倍的努力，做出成績給別人看。即使在開頭幾天，人們會議論你是他叔叔介紹，但當他們瞭解到你的工作能力之後，就會除去對你的偏見，實實在在地接受你。

## 辦公室裡的九種人物

辦公室裡有九種人，應付之法自有不同。

1.應付口蜜腹劍的人：這種人通常善於察言觀色，臉皮很厚，把自己當成商品，謀求在「人才市場」上討個好價錢。這種人在工作上討價還價，迫使上司給他們以晉升或增加工資的機會。或者他們在工作上不安分，但卻熱衷於往上司那兒跑，為的是和上司套關係，不是憑工作成績得到上司的重用和提拔，是想通過和上司的私人關係去得到好處。

「口蜜腹劍」的人一般嘴甜、心細、臉皮厚，他即使是做錯了事，也往往會把責任轉嫁和推卸到其他人身上去，而一旦有了功勞，他又會極力地吹噓自己的貢獻和成績，生怕上司不知道。還有，上司在場和不在場，他們表現就完全不一樣，上司在的時候，他肯定是最勤勞的一個，連臉上的汗水他也不會去擦，上司一旦離開，他就待在一旁休息動也不動。

管理者光憑自己的眼睛是很難發現的，因為這些人很會偽裝自己，唯有多聽取其他人的反映，才能揭開這種人的真實面目。

對於這種人，無疑是不能距離太近的，他如果在哪個部門任職，哪個部門就會被他搞得亂糟糟。

應付這種人，最簡單的方式是裝作不認識他，每天上班見面，如果他要親近你，你就找理由馬上閃開。能不做同一件工作，就儘量避開不要和他一起做，萬一避不開，就要把這一天的工作記下來，留下工作記錄，以備日後做依據。

2. 應付吹牛拍馬屁的人：人多的地方就都有那麼幾個馬屁精，其實馬屁精也算不上是十惡不赦，但如果拍馬屁是在貶低他人而取悅另一人的基礎上進行，那這個馬屁精就極其討厭了。

舉例來說，志明是一個馬屁精。他最擅長的伎倆是見風轉舵，只要有利用價值的馬屁就無所不拍，拍長官，拍有背景的同事。可惡的是他拍人馬屁的時候經常貶低別人，一次他剛得知新來的同事曉莉是公司老總的小姨子，就巴結曉莉說：「呀，這條銀色外套配上妳這件毛衣真是呱呱叫，如果佳芬穿上就不好看，她沒妳白，穿衣服又沒品味，是地攤服裝的爛衣架。」

別人總是受到他的這種排擠，心裡特別憤怒，但又不想與之當面爭執。有人就故意漫不經心地對一個愛傳小道消息的同事說曉莉是騰格爾的歌迷，又說她的男朋友長得高大英俊，還有曉莉唱歌非常好聽，音質極像那英。

這些話很快傳到志明的耳中。第二天，他就給曉莉送來一盒騰格爾的專輯，曉莉連連擺手說：「不聽不聽。我最討厭騰格爾了，長得髒兮兮的。」志明一愣，趕快轉舵道：「其實我也不喜歡他。對了，聽說你男朋友是個帥哥，什麼時候讓我們見識一下？」曉莉聽了有些不悅：「我不喜歡談私事。」

志明倒是很識相，接道：「晚上有沒有空？我們一起去唱KTV怎麼樣？反正是週末，要開心唱一夜。」曉莉搖頭說不去。志明勸道：「去吧，我還對我的同學說妳是那英第二，今天要給她帶個歌后去呢。」曉莉說：「你邀請佳芬呀，我們是高中同學，她可是我們學校的『歌后』。」

志明一聽不再說話，訕訕地回到自己的辦公室，他從曉莉的冷漠裡似乎明白了什麼。後來他才知道原來曉莉最討厭騰格爾；曉莉的男朋友身有殘疾，走路都不靈光；曉莉是五音不全，根本不喜歡唱歌。自此志明拍馬屁時，再也不拿別人當墊背的了。

碰上這樣的「馬屁精」，千萬不要被他的吹捧迷惑，更不要飄飄然不知所以，而應時刻小心謹慎，盡力使自己和這類人保持一定距離。但也不需要與他為敵，沒有必要得罪他，平時見面還是笑臉相迎，和和氣氣。如果你有意孤立他，或是招惹他，他就可能把你當作向上爬的墊腳石。你應該冷靜地觀察對方的舉止行為並準確分析對方吹捧你的真實目的。

3. 應付尖酸刻薄的人：最難纏的人物，莫過於那些生性淺薄而缺乏自知之明的「鐵齒銅牙」了，他們以攻擊人家的弱點為樂事，得理不饒人，非叫你丟盡面子才肯罷休。這種人在公司裡一般是不受人歡迎。他的特徵是和別人爭執時往往挖人隱私不留餘地，同時冷嘲熱諷無所不至，讓對方自尊心受損顏面盡失。這種人平常以取笑同事為樂。如果有一天你被上司批評了，他會說這是你活該。你和同事吵架了，他會說兩個都不是好東西。你去批評部屬，他會說原來現在社會還有惡霸等等。喜歡逞一時之快，嘲笑別人，以求達到傷害對方自尊心目的的人，都有一個通病——欺善怕惡。由於缺乏涵養，以為把對方踩在腳下，自己便會升高一級，增加自我的價值，結果慢慢地便形成一種暴戾習氣，對人對事一味挑剔，還自認為具有非凡的洞察力、見識過人，別人越是顯出畏懼，他們越是得意洋洋，什麼尖酸刻薄的話，都不吐不快，毫不知道收斂。

面對這種以為自己口才很好，卻是神憎鬼厭的人時，你既不要隨便示弱，也無須自我降格，跟他針鋒相對，你應該這樣做：

(1)默不作聲：當他正在噴口水，心情興奮，口若懸河地把你的弱點一一挑出來取笑時，你只須平靜地定睛看著他，像一個旁觀者，興味盎然地欣賞眼前這個小丑的每一個表情，對方便會難以再唱獨角戲。

當他實在太惹人討厭，總是找你的麻煩，每句話都是針對著你時，你要儘量壓抑怒氣，裝聽不見，切勿中了對方的詭計，跟他唇槍舌戰。如果你根本不理會他，他便無法再獨白下去，他的弱點會因此而暴露無遺，有目共睹，同時更顯出你的涵養功夫，非比尋常。

(2)退避三舍：在對方說得起勁，更難聽的話也脫口而出的時候，你實在不必再忍受這樣膚淺的人，你可以站起來禮貌地說：「對不起，你繼續你的表演。我先走了。」如果對方還存有一點自尊的話，他應該感到羞恥。

不過前提是你遇到這種人還是先保持距離，不要惹他。萬一吃虧，聽到一兩句刺激的話或閒言碎語，就裝沒聽見，千萬不能動怒，否則只會自討沒趣。

4.應付挑撥離間的人：在社會生活中，有許多人常常被那些愛挑撥離間的偽君子所困擾，這種愛挑撥離間的偽君子往往無中生有地挑起一些是非，以離間他人關係為目的。他們深知「鷸蚌相爭，漁翁得利」的道理，因此利用各種卑鄙的方法離間別人，挑起別人之間的矛盾。等到被離間者相互爭鬥時，他們便從中獲利。

挑撥離間的偽君子一旦與你在同一個辦公室共處，那你一定要多加小心。這樣的人如果有什麼陰謀產生，給公司帶來的殺傷力非常大而且迅速，只要一不注意或處理不當，便有可能使公司內部煙硝四起。應付這樣的人，沒有什麼好的辦法，只能防微杜漸，不讓這類人進來，或一經發現就予以堅決制止、迅速消除。否則，後果將不堪設想。

挑撥離間的偽君子危害甚大，與這類人共處稍有不慎就可能被捲入是非之中，而且難以全身而退，因此在與人相處時，我們一定要擦亮自己的眼睛，認清挑撥離間者的真面目。挑撥離間的行為通常是伴隨著利益衝突而開始的，離間者往往是被離間者發生矛盾後的直接或間接受益者。

「他們不讓我知道這個專案就決定了，不想讓我參加，這簡直是太看不起人了，欺人太甚。他們也太小看我的工作經驗了，再說我還給他們提供了那麼多的好建議，他們簡直是忘恩負義。」

「不過，經我這麼一挑撥，我就不信他們還會彼此信任。最可笑的是，到現在小黃還覺得欠我一份人情呢！一旦他倆吵翻了，我就可以趁機找老闆讓我負責這個專案。等著瞧吧！」小張、小黃和小李同是某公司的職員，小張因為公司把專案分配給小黃和小李而十分不滿，所以，他在小黃面前挑唆小黃和小李的關係，使小黃和小李不能同心合作，在小黃和小李吵翻後，小張終於拿到他一心想拿到的專案，達到了自己的目的。

讀完這個經常發生的故事，我們不由得會想，如果身邊有這樣的同事該有多麼可怕，一旦成為這些同事離間的目標那豈不悲慘至極了嗎？同樣是一張嘴，有人用來吹牛拍馬屁，有人用來諷刺損人，有人用來挑撥是非離間同仁。如果碰上同事中有此類型的人，除謹慎言行及和他保持距離外，最重要的是你得聯絡其他同事，建立聯防及同盟關係，將他孤立起來，如果他向任何人挑撥或離間，都不要為之所動。

5.應付雄才大略的人：這種類型的人胸懷大志，眼界開闊，而從不計較一些小的得失，他們在工作時，時刻不忘充實自己。他們廣結良緣，除了完成自己的工作外，還會幫助別人和指導同事。雄才大略的人，見識往往異於常人，思考邏輯方式也有其個人特色。這種人在時機不成熟時，可以忍耐。一旦時機成熟，就會奮臂而起。如果遇到雄才大略的同事，只要利害一致，大可共創一番轟轟烈烈的事業。如果一山不能容二虎的話，可各取所需，各享盛名，各得其利。如以上都行不通的話，你就全心全意地幫助他成功，最少自己還可留下識才的美名。

6. 應付翻臉無情的人：私心過重的人，在處事時容易「變臉」。當他發現某人對自己有利時，臉色特別好看；當把利益抓到手之後，立即如同陌路之人，而一旦得不到這些利益，他隨時都可能翻臉無情，威脅、恫嚇，使盡千般手段，逼迫你把某種利益拱手於他。

有個商人來找他的鄰居說：「有個小土地要出售，賣主是你的朋友，如果你買，我相信他一定會出最低價的。你拿我的這些錢去把它買下來，我保證，如果成功的話，我一定會給你一筆報酬的。」

鄰人拿著錢去看他的朋友，由於他的緣故，朋友心甘情願地只賣底價的一半。真正的買主聽到了這個消息大喜過望。再三地感謝鄰人，並拿走了剩下的錢，一字不提報酬的事就要告辭了。

鄰人早就料到這個巧言令色的傢伙會來這麼一手的。於是，他笑眯眯地對那商人說：「別急著走，如果你感興趣的話，我可以告訴你一件事……」

那個奸商以為還有什麼好處呢，急忙回身洗耳恭聽。鄰人說：「那合約是用我的名字簽的！」商人當場目瞪口呆。

一個「利」字當頭的人，他的心目中沒有「義」字可言；他的人際關係裡，沒有情感，只有利益。自私的人幾乎沒有感情，他的感情付出只是為了利用別人給自己更多的利益。

這個故事還算有個好結局，因為鄰人並沒有被騙，但如果你在現實生活中遇到這種人可千萬別掉以輕心，這種人最大的特徵就是翻臉如翻書。在他翻臉時，你不要問他理由，也不必述說從前對他的恩情和助益，因為他一個字都不會聽進去。這種人似乎得了一種「忘恩記仇病」，只要一點小事不順他的心，就全盤翻覆。翻臉無情的人利用這種方式來處理他的人際關係，是無往不利，又佔盡便宜。他知道每次利用完別人，又找到新的利用對象時，此時就可翻臉。如遇到這種人，不必跟他一般見識。儘量避免與他發生利害關係，各做各的工作，隨便他怎麼翻臉也與你無關。

7.應付憤世嫉俗的人：這種人對社會上的一些現象非常看不慣，認為社會變了，人心險惡。跟這種人共事，說不上什麼好與壞，只要他氣憤的事不是公司的福利，對你來說這只是他的個人行為，如果他對公司的福利制度有意見時，你可能就會沾光了，因為這種人往往會犧牲自己，為大家謀來一些好處。

8.應付敬業樂群的人：這種人工作態度和做事方法很好，頗受同事的肯定和愛戴。凡他所在的公司，都會有不錯的業績。他會感染其他人，讓同事關係朝著正面的方向發展，給大家帶來一個合作、和諧的工作環境。跟這種類型的人一起工作時，要學著和他一樣敬業樂群。只要你的表現不佳，一定會被他比下去。

9.應付躊躇滿志的人：這種人不曾嚐過失敗的苦頭，因此他們不怕失敗，對任何事情都有自己的見解。他們一般不能接受別人的意見，如果你聰明一點，就不用和他爭辯。要知道一個長久不曾失敗的人，是因為他的智慧，而不是他的運氣。跟這種類型的同事打交道，不能太順著他，只有讓他嚐到一些失敗的苦果，才能真正地改變和幫助他。

# 第7章

# 與老闆成功交往的法則

## 別讓上司下不了台

上司的地位與你有相當大的差別，如果年齡的差距又大，當然他會徹頭徹尾地把你當晚輩看待；同時，你也會自然而然地去尊敬他。但年紀和你相仿的上司，則很容易產生輕視他的心理，更重要的是，這種心態很容易被上司敏感地察覺。他雖然在管理部下時多多少少也會有一點不好意思，但作為部屬的你必須瞭解，他同樣擁有不能被部屬輕視的警戒心。你必須注意，當一切都很順利時，此種心態尚不至於造成問題；萬一雙方有摩擦發生，那就很可怕了。

有位朋友不久前升為一家報社的部門主任，由於他的資歷比其他同仁淺，能力也不是很突出，因此他的上任讓一些「老人」覺得不爽。有一次他召開會議，一位報社「老人」按捺不住情緒當眾批評這位朋友「能力不足」、「領導無方」、「沒資格當主任」！這位朋友也不是省油的燈，不動聲色地聽完這位同事的批評，臉不紅氣不喘地站起來說：「我的能力是不怎麼強，既然你比較在行，那這個位置讓你來坐好了！」那位同僚啞口無言，匆忙離開會場。

也許你看到這裡會替那位當眾讓主管下不了臺的人「鬆了一口氣」，可是，真的能「鬆一口氣」嗎？我要告訴你的是，事情不是到此為止，雖然不計前嫌的君子不少，但忘不掉當眾被辱罵的難堪的凡人更多！一般說來，如此撕破臉皮之後，再以和諧收場的不多，絕大多數會演變為另一種形態的戰爭，這種戰爭除非你真有本事及客觀條件的配合，否則當部屬的大都要吃敗仗，因為上司有比你充分的資源可用，讓你不吃敗仗都不行。譬如說在開會的時候批評你的能力！不給你事做，你臉皮再厚，也不可能每天閒著沒事吧？給你不好的考績；考績不好，加薪、升官還有希望嗎？總之，辦法是很多的，只看他要不要做，而只要使用上述其中任何一個方法，你這當部屬的就要坐立不安了。如果你想越級打小報告，除非你以利益相送，否則按常理，他們還是會支持你的上司，官官相護也是人之常理，更是工作需要。

假設你真把主任轟下臺了，這對你也沒什麼好處，因為你的作為會引來對你「好與人鬥」的評語；除非你手上有豐富的資源可以分配，否則人人會敬你而遠之，因為他們怕不小心也被你鬥倒。而更嚴重的是，你把主管鬥走了，上面的主管也不見得會讓你升官，因為他們怕太接近你，你也把他們鬥倒！那到別的公司去好了！這又談何容易，你喜歡當眾罵上司，誰敢要你啊？所以，有意見要和上司溝通，最好出之以禮，心有不服也不能當眾羞辱上司，你的羞辱只能讓你顯得不成熟，缺乏理性罷了。

如果你年輕氣盛，不小心罵了上司，但你也不想離職，那麼趕快向他道歉，這是唯一彌補的措施，雖然不一定有用，但不去道歉後果更糟糕，那會讓你無路可走，結果只有捲舖蓋走人！這就是不給上司台階下的結果。

## 說服老闆要有技巧

李先生是一家網路公司的總經理助理。他的頂頭上司王總是學術、技術出身，由於工作重點長期放在學術研究上，因此對企業管理他卻是個門外漢，出於對技術的鍾情與他所處的職位，王總對於技術部門的事總是親自過問，把管理層體系搞得一團糟，其他部門雖然當面不敢說，但私下裡卻議論紛紛。因此李先生與其他部門的溝通協調極為不順。

經過一番思考，李先生決定採取行動，向頂頭上司王總提出自己的建議。他對王總說，真正意義上的領導權威包含著技術權威和管理權威兩大部分，王總的技術權威在公司是有目共睹的，而管理權威則相對薄弱，有待加強。王總連連點頭，並陷入了深深的沉思。

這裡李先生巧妙地運用兼併策略從而使王總改變了立場，並獲得了成功。後來，王總果然將更多的精力投入到人事、行銷、財務的管理上，企業的不穩定因素得到有效控制，公司營運進入了一種良性迴圈，李先生的管理權威也得到了鞏固。

在工作中，上下級之間的關係是很重要的。談話是聯繫上下級之間的一條重要樞紐，因此必須加以研究，這關係到你的發展前途和升遷問題。

許多在同事中、親友中滔滔不絕地談話的人，一到上級面前便結結巴巴，許多想好的話也不知從何說起。造成這種情況的原因是多方面的。但一般說來，上下級地位的差距，客觀上造成了感情上的差距，人們往往擔心自己的「命運」、「前途」都掌握在主管手裡，若講話出了差錯，會影響今後的發展。另一些人認為，和主管說話要有不一般的樣子，諸如此類的顧忌都造成了心理上的壓力。作為主管，對此都應當體諒。應以平易近人的態度，主動與下級接近，用種種辦法來消除群眾對自己的畏懼與隔閡，鼓勵他們向自己提意見，在生活上，又願意與群眾同甘共苦。這種主管，部屬是願意和他們談話的，也會消減上下級之間的隔閡。

以下，就與上司的說話藝術提供幾條建議：

1. 講究說話的方式：

(1) 態度要不卑不亢：對上級應當表示尊重，你應該承認他總是強於你的地方，或者才華超群，或是經驗豐富，無論如何都要做到有禮貌及謙遜。但是絕不要採取「卑躬屈膝」的態度。絕大多數有見識的主管，對那種一味奉承，隨聲附和的人，是不會予以重視的。在保持獨立人格的前提下，你應採取不卑不亢的態度。在必要的場合，你也不必害怕表示自己的不同觀點，只要你從工作出發，擺事實，講道理，主管一般是會予以考慮的。

(2) 瞭解上級的個性：上級固然是主管，但他畢竟也是個人，作為一個人，他有他的性格、愛好，也有他的語言習慣，如有些人性格爽快、乾脆，有些人則善於沉默寡言，事事多加思考，你必須適應這一點。不要認為這是「迎合」，其實這正是應用心理學的一門技巧。

(3)先給他寫張紙條：作為上級，一天到晚要考慮的問題很多。所以你應當根據自己問題的重要與否，去選擇時機思考，假若你是為個人瑣事，就不要在他正埋頭處事時去干擾他。如果你不知道上級何時有空，不妨先給他寫張紙條，把自己需要解決的問題要點寫上，然後請他接受約會。或者你寫上要求面談的時間、地點，請他先約定，這樣主管便可以安排時間。

(4)多準備幾套方案：在談話時充分瞭解自己話題的涵義，做到能簡練、扼要、明確地向上級彙報，如果有些問題需要請示，自己就應有兩個以上的方案，而且要能夠向上級說明各方案的利弊。這樣才有利於上級作決斷。順便一提，只有一個方案是不明智的，因為沒有選擇餘地，為此你事前應作周密的準備，弄清每一個細節，以備隨時可以回答。此外如果上級同意了某一方案是最好，事後你要立即把它整理成紙本文件或電子文件再呈上，以免日後產生理解上的分歧，造成不必要的麻煩。

(5)正確彙報事實的真相：反映情況要忠實，要正確報告事實的真相，這是相當關鍵的，這不僅有利於主管做出正確的決斷，也直接影響到主管本人的威信。有許多部門上下級，同級之間發生糾紛，就是因為某些人向上級報告失實而造成的。美國一位廣告大王布魯貝克在談起他年輕時的一件軼事時說，一次他所在公司的經理問他，印刷廠把紙送來沒有？他回答送過來了，共有五千令，經理問：「你數了嗎？」他說：「沒有，是看到單上這樣寫的。」經理冷冷地說：「你不能在此工作了，本公司不能要一個連自己也不能替自己反映清楚情況的人。」對於自己沒有把握的事情不要說，自己沒有做過的事情，不能說做得很圓滿，這樣反而使上級反感。

2. 對意見和建議的巧妙運用：

(1) 考慮上司的立場：本文前面所舉的網路公司的李先生就是使用這種方法的典型。從李先生的經歷，我們可以得到一個啟發：考慮上司的立場，的確不失為向上司提意見的上上之策。首先，它不是從正面排斥上司的觀點，而是站在上司的立場上考慮問題，最終是為了維護上司的權威，出發點是善意良性的；其次，這種策略屬一種冷處理方式，不僅沒有傷及上司的自尊，也容易被上司接受，效果顯著；另外，使用這種策略的人需要具備較強的綜合能力及很高的社會修養，並不是任何人都能夠針對不同情況兼併上司的立場。在兼併上司立場的同時，自己個人的主管能力亦會隨之增長，甚至來一個突飛猛進。

(2)將「意見」轉化為「建議」：選擇適當的時機向上司提「建議」，值得注意的是它不僅要包括你所提出的意見，還包括解決問題的方案。

首先，在向上司提建議時，要選擇適當的時機，這裡主要照顧到你的上司的心情。記住你的上司也是個平常人，當他公務纏身、心情鬱悶時，即使你的建議再好，再具建設性，他也不會聽進去。

其次，你在與上司談話時應密切注意對方的反應，你可以從他的臉部表情及身體語言所傳達的資訊，來迅速判斷他是否接受了你的觀點，並根據當時的話題適當地舉例說明，使你的建議更具有說服力。

最後，你必須注意說話的態度，你要從言語上表現出對上司的尊敬，恰如其分地表達出你的意思。也許對方並不完全認同你的觀點，但是他會因為你的坦率和誠意而樂於聽你的建議，他認同的是你這種個性的人。

(3)限用一分鐘說完：如果你需要向上司提意見，你認為時間多長比較合適？大多上司都很難接受冗長的意見。爭取在一分鐘內說完你要說的話，這樣上司就會覺得愉快，比起那些較長的意見來更「有理」，也比較容易接受。反之，假如他不認同你的意見，也不會因為你浪費他過多的時間而對你表示厭煩。

(4)相信否定也是意見的附屬品：假如向上司提意見立即就能獲得認可，那是最好不過了。不過，一般情況下，上司還是很「頑固」的，並不是那麼好說服。畢竟你是在向上司提意見，是否接受你的意見他當然需要慎重考慮。

許多人一旦建議不成，或是被上司以「我不贊成」、「這不合適」等駁回時，往往心灰意冷。其實，因為一兩次的意見不被接受便放棄自己的觀點是一種愚蠢的做法。既然決定向上司提意見，就應該相信「否定也是意見的附屬品」的觀點，要有勇氣和心理準備接受對方的否定。當然光憑做到這一點還遠遠不夠，還應該在你的意見的內容、方式方法上下功夫。

首先向上司提建議的內容必須要言之有物。既然是提意見就要把自己的意見完整、清晰地表達給對方。因此，你必須以大量的資料材料作鋪墊，使意見站得住腳。否則一旦被上司問得張口結舌，就變成上司向你提意見了。其次，在意見的內容無懈可擊的前提下，還要講究提意見的方式。向上司提意見本來是件好事，但如果過於「熱心」，會使自己「衝」過頭，反而成了一種負面影響。因此，在給上司提意見的時候，千萬不要過於自作主張而忽視了上司周遭的人際環境以及時間安排。

「企望往高處爬的人，應該踩著謙虛的梯子。」這是莎士比亞的名言。對那些希望自己的意見被上司接受和認可的人這句話同樣適用。

3. 如何讓上司賞識你：

公司的高級經理或老闆是否知道你是做什麼工作？並對你有較高的評價呢？大多數人都認為，只要自己表現好，工作好，遲早會傳到上司耳中。可惜情況往往不是這樣。很可能你工作相當出色，可別人根本不知道。因此，我們不僅要做得好，也要能說得好，這樣才能得到上司的賞識。那麼，怎樣說才能得到上司的賞識呢？

(1) 把榮耀留給上司：這是對待上司最有效的方法。在其他公共場合指出上司的優點，凡事讓他知道：有了成績不忘告訴同事和更高的主管，這也有上司的一份功勞；開會有上司在場時，一定不要臨時拿出新資料，應事先將資料告訴上司，由他自己提出來；不要把計畫書和盤托出，要保留上司發表意見的餘地。總之，處處讓上司感覺到他的尊嚴與重要。

(2)向上司傳遞員工情況：大多上司都希望對部下各方面情況有所瞭解，比如某人的母親生病住院，某天是某人過生日等等，上司瞭解這些情況後適度表示關懷可增加員工的親近感。值得注意的是，上司所需要瞭解的不是你對某人惡意攻擊或揭其隱私，也不是叫你向他打小報告。與上司談到同事的時候，只能談論同事的長處，這樣才有助於你和同事之間建立良好的關係，也讓上司看到你的為人正派可信。

(3)不要打聽上司的隱私：上司通常會在員工下班後獨自坐在辦公室呆坐，上司也是人，在面對工作壓力時同樣會感到心情壓抑，對家庭生活也一樣會有一本難唸的經。上司有時會表現出脆弱，同樣希望得到別人的撫慰。但如果你就此肆無忌憚地探問其隱私，甚至為其出謀劃策，那就是馬屁拍在馬腿上了。要知道即使上司最脆弱時，他也只是尋求適度的關心，就算是一杯熱茶足以讓上司認為你是一個善解人意的好部屬。你還可以給上司隨意講出一個令人捧腹的笑話，開解他鬱悶的心結，他會出自內心地感激你。記住，真正熱愛你的上司，出發點應是愛戴而不是利用。

(4)多做事、少巴結：儘管許多上司從不反對部屬討好奉承，但他們更喜歡那種工作踏實、作風正派的人。如果你把上司交辦的每一件事都辦得井然有序，然後再說幾句上司愛聽的話，比起那些只會吹牛拍馬卻不幹實事的人，上司更希望接近你這樣的部屬。在與上司相處時，你要勇敢地迎著上司的目光，而不要躲躲閃閃；你可以坦率地與他交換看法，只需做到不隱瞞不誇大就可以了；從不議論上司的隱私，並盡己所能努力工作，爭取成為其最佳的部下。做到了這些，還愁上司不賞識你？

4.不要讓這種話影響你的升遷：

習武之人追求練就一身刀槍不入的硬功夫，譬如金鐘罩、鐵布衫之類的功夫，然而不管你的武功是否達到登峰造極的地步，都會不可避免地留下一兩處會被人置於死地的穴道，這就是武林中人最為看重的罩門。罩門不被人發現便罷，一旦暴露出來，便有性命之憂。那麼作為職場中人，你的辦公室功夫又練到了什麼地步？若有以下的情形出現，多半是罩門暴露，雖無性命之憂，卻有前程之危矣！

(1)過分自信：假如你深信在辦公室裡剖析自己是一種正確的做法，從而讓上司對你有了有待完善的印象，這實在是很可怕的。這往往是因為你過於自信，自我感覺過於良好的緣故。更可怕的是，碰到一個對你的罩門深惡痛絕的上司，那就有你好看了，把你拒之門外，再讓你修「內功」也說不定。

(2)誇大自己的才能：一些人由於對自己缺乏信心，便以老王賣瓜，自賣自誇的形式來擴大自己在同事中的影響，或以自吹自擂來引起上司的注意。懂得證明自己價值的人固然可敬，但是如果你推銷自己的方式不對，那麼肯定會給同事和上司留下不好的印象。在與你相處的過程中，別人會因為你的自吹自擂，而忽視你的其他長處。實際上，你的做法往往暴露出你的弱點，別人會認為你是用吹噓來給自己壯膽，在他人的眼中這是你缺乏自信的表現。上司對你的評價也會大打折扣。

(3)「哭泣把戲」的結局：有專家認為：「一個人在辦公室的信譽，至少有百分之五十是來自他在人前的表現。」這表明你在上司或同事面前的表現與你真實的工作能力同樣重要。任何不專業的表現如臉紅、哭泣，甚至不協調的穿著打扮都會影響你的專業形象。專家還告誡我們：在工作場所上演「哭泣的把戲」，那只能表示你註定要失敗，如果你在老闆面前因為工作而淚眼汪汪，證明你缺乏處理工作壓力的應變能力與心理素質，更令人懷疑你無法代表公司的形象。

專家們認為上司不是你的父母，更不是你的心理醫生。所以假如你有失態之舉，應該做兩次深呼吸，再說一聲抱歉，然後立即恢復常態即可。

(4)管不住自己的嘴：在輕鬆的工作氛圍中，上司總希望部屬各抒己見對他提出合理的方案發表。如果在所有的會議上總是持反對意見，那麼無異給大家的熱情潑一盆冷水，再開明的上司也不會容忍你的所作所為。所以如果你是個天生的「反對派」，要在這種場合學會保持冷靜，如果你沒有足夠的理由，最好別置身於別人的對立面，須知此刻你的罩門已經暴露於外，你的處境相當危險了。

## 追隨「弱者型」上司

「上司」一詞，說法也許不一，但涵義卻只有一個：一個你受命於他並且要聽命於他的人。

與上司關係良好，自然是再稱心不過的事，既可以擁有和諧的工作關係，也可獲得賞識、器重、指點、提拔、升職、加薪……等。相反，若與上司關係不和，如果他是一個喜歡報復的人，你便同「罪犯」一樣，所有權益均被中止或剝奪，甚至造成嚴重的精神壓力，影響身心健康。

事實上，上司眼中的雇員是什麼，要視他為人事取向還是工作取向。前者有人性、感情可言，後者卻是求效率和結果。所以選上司就有如女人挑丈夫一樣錯不得，否則小則工作不順心，大則前途盡毀。

追隨弱者型上司最大的好處，當然是發掘個人潛能，表現工作能力和受到重視與尊重，這是一個相當難得的訓練機會。因為當上司無能之時，你必定要負擔任何工作及獨自解決難題，久而久之，你便可能成為部門中的要員之一。

弱者型上司還有一個特點，會把所有工作分配給屬下，並且會妥善安排，否則也不能當你的上司了。當然，他可能是皇親國戚，或是基於裙帶關係。不過，在未獲知實情以前，我們仍要假設他有一些過人之處。

為了維護個人存在價值與上司尊嚴，這種上司往往會因自卑而形成自大，所以在會議中他亦不會放棄任何發言、批示和提問的機會，他們甚至會強迫部屬花上三兩小時聆聽其謬論。又或者經常地將部屬意見和功勞歸功自己毫不羞愧，還自以為領導有方。

所以，你可能因而有委屈之感，又或者因上司的無能而憤憤不平，覺得自己比他更為勝任。勸你千萬要停止這種思維，因為它會直接蠶食你成為優秀上班族的機會。

你應該把握這些機會作為個人工作訓練，在工作中盡力而認真地獨立處理問題。更甚者，你可以在有意無意間諮詢上司的意見，好使他對你的工作表現感到滿意之餘，亦為你的態度而喜悅，關係便更加融洽。

當你發現自己已有相當能力時，你便可以另作打算，因為該型上司是不會給你升職的機會的，甚至於已經一直在暗地裡排斥你或壓制你。聰明的上班族自然知道箇中緣由。因此不要妄想他們會提拔你，你反而應視他們為假想敵，終有一日會把他們打敗，超越他們的成就。

何況強與弱本就相對存在，既然有比較強的上司，那也就會有比較弱的上司，與這種弱將型上司應該如何相處呢？

1.要正確地看待這個「弱」字：什麼樣的上司可以稱為「弱將」，這恐怕是很難下定義的，在日常工作中，人們通常把那些想法水準較低、工作能力較弱、打不開工作局面的上司稱為比較弱的上司。在「弱將」的行列中，除了極個別本來就不具備管理者素質的人以外，大多還是能力問題。

「弱將」中也有幾種類型——一種是表面上弱，實際上並不弱。《三國演義》第五十七回寫了萊陽縣令龐統的故事。說的是有人報知劉備，說龐統「不理政事，終日飲酒為樂；一應錢糧詞訟，並不理會」，因而劉備派張飛、孫乾前去巡視。書中有這樣一段描寫：飛怒曰：「吾兄以汝為人，令做縣宰，汝焉敢盡廢縣事！」統笑曰：「將軍以吾廢了縣中何事？」飛曰：「汝到任百餘日，終日在醉鄉，安得不廢政事？」統曰：「量百里小縣，些小公事，何難決斷！將軍少坐，待我發落。」隨即喚來公吏，將百餘日所積公務，都取來剖斷。吏皆紛然齎抱卷上廳，訴詞被告人等，環跪階下。統手中批判，口中發落，耳內聽詞，曲直分明，並無分毫差錯。民皆叩首拜伏。不到半日，將百餘日之事，盡斷畢了。由此可見，「一時糊塗」的不能稱為「弱將」，不善言詞的不能稱之為「弱將」，處事持重的不能稱之為「弱將」等等。總之，對「弱將」不能只看表面現象，否則就會犯片面性的錯誤。

另一種是表面上強，實際上比較弱。這樣的上司往往剛愎自用，自恃高明。與這樣的上司相處，要特別注意維護他的自尊心，要給足他面子，有什麼意見和建議，可選擇適當的時候在私下提，尤其不能當面頂撞。

2. 尊重是關鍵：作為部屬，不論遇到怎樣的上司，首先想法上應該明確，不管再怎麼弱他都是你的上司，你也應該要尊重他。與「弱將」相處，「尊重」二字是非常重要的。如何尊重呢？真誠的尊重，而不是虛假的做作。「弱將」有可能一直弱，也有可能會提升能力；他在處理這個問題上「弱」，在處理另一個問題上就不一定「弱」。因此，要特別注意多請示、多彙報，不可自作主張，架空上司。再一個是真心補強。為了大家共同的事業，部屬一定要出以公心，主動並及時地為「弱將」補強。上司沒有想到的，你要多提醒；明顯有錯的，你也不要四處聲張，在執行的過程中，按實際情況辦，事後及時向他報告；他越是放權，你越要對他負責，盡心盡力把事情辦好。還有就是不要有意無意地喧賓奪主。尤其是在眾人面前，要注意突出「弱將」，多說他的長處，維護他的威信，以贏得眾人對他的尊重。

我有一位記者朋友，初出道時已鋒芒畢露，才華盡顯，讓他的弱者型上司（編輯部主任）大感不妙。那主任一則恐怕這樣的新人被老總賞識，自己飯碗難保，二則其他同僚亦會輕視他。而另一方面他又想到該人確實是一位難得的人才，有助報社及個人表現，不能輕易放棄，內心非常矛盾。

幸而朋友早已察覺其上司只是庸才一名，卻不動聲色，一直默默工作。有時遇到大新聞和獨家材料亦歸功主任，主任自然喜出望外，大讚他聰明能幹，極具潛力。

未幾，報社副主任請辭，於是朋友在該主任推薦下走馬上任，成為心腹部屬之一，這無疑是平步青雲第一步，旁人皆認為他既能幹，人緣又佳，有大將之風。人往往被成功沖昏頭腦，在弱者型上司面前可能會顯示卓越不凡，從而漠視上司的存在和價值。切記，他其實就是你走往成功之路的墊腳石，不能隨便踢開，否則後悔莫及。

## 先給老闆一塊三明治

溝通的目的是達成意見或行為的共識，而建議沒有任何強加的味道，僅僅是比較兩種或多種行為所帶來的結果，哪個更加完善而優良，供對方自由選擇。

去年年底，我們公司為了獎勵員工，制定了一項香港旅遊計畫，我們部門分了六個名額。可是八名員工都想去，大家要求再向上級主管申請兩個名額，當時我正會見一個客戶，副經理找到了老總：「老總，我們部門八個人都想去香港，可是只有六個名額，剩餘的兩個人會有意見，能不能再給兩個名額？」

老總說：「篩選一下不就得了嗎？公司能拿出六個名額就花費不少了，你們怎麼不多為公司考慮？你們呀，就是得寸進尺，那乾脆不讓你們去旅遊就好了，誰也沒意見。我看這樣吧，你們兩個做部門經理的，姿態高一點，明年再去，不就解決了嗎？」

副經理灰溜溜地回到辦公室，我瞭解了情況，當即知道他失敗的原因「只顧表達自己的意志和願望，忽視老總的心理反應」。

分析清楚情況，我知道不能以自我為中心，要樹立一個溝通低姿態，站在公司的角度上考慮一下公司的緣由。

「老總，大家今天聽說去旅遊，都非常高興，也非常感興趣。覺得公司越來越重視員工了。主管不忘員工，真是讓員工感動。老總，這個提案是你們突然給大家的驚喜，不知當時你們如何想出這個點子的？」

老總：「真的是想給大家一個驚喜，這一年公司績效不錯，是大家的功勞，考慮到大家辛苦一年。年終了，第一，是該輕鬆輕鬆了；第二，放鬆後，才能更好的工作；第三，是增加公司的凝聚力。大家要高興，我們的目的就達到了，就是讓大家高興的。」

我立刻附和：「也許是計畫太好了，大家都在爭這六個名額。」

老總：「當時決定六個名額是因為覺得你們部門有幾個人工作不夠積極。你們評選一下，不夠格的就不安排了，就算是對他們的一個提醒吧。」

我頻頻點頭：「其實我也同意主管的想法，有幾個人的態度與其他人比起來是不夠積極，不過他們可能有一些生活中的原因，這與我們部門經理對他們缺乏瞭解，沒有及時調整都有關係。責任在我，如果不讓他們去，對他們打擊會不會太大？如果這種消極因素傳播開來，影響不好吧。公司花了這麼多錢，要是因為這兩個名額降低了效果太可惜了。

「我知道公司每一筆開支都要精打細算。如果公司能拿出兩個名額的費用，讓他們有所領悟，促進他們來年改進。那麼他們多給公司帶來的利益要遠遠大於這部分支出的費用，不知道我說的有沒有道理，公司如果能再考慮一下，讓他們去，我會盡力與其他兩位部門經理溝通好，在這次旅途中每個人帶一個，幫助他們放下包袱，樹立有益公司的積極工作態度，老總您能不能考慮一下我的建議。」

第二天，老闆秘書通知我，公司決定給我們部增加兩個名額。

提出意見時，最忌諱的用語就是「你應該……」「你必須……」不論你的建議多麼好，與你溝通的對方只要聽到這兩個詞，頓時生厭，產生叛逆心理，大多不會採納你的意見。因為每個人都不願別人把他當成孩子或低能兒，他們也不是「軍人」，隨時等著接受「班長」的命令。大多數人聽到這兩個詞時往往這麼想：「我要怎麼做，還要你來告訴我嗎？……你以為你是誰？……」

別在老闆忙得不可開交的時候開口，在風平浪靜的時候抓住機會。適當地表現出你的決心，但不要像一頭怒吼的獅子，先給你老闆一塊三明治，告訴他你很熱愛你的公司，接著挾肉，說出你的諸多不平衡，然後再說你願意與他共進退，這種方法柔化了你的凌厲攻勢，並且讓老闆知道你並不是他的一件工具。

## 不要越級打小報告

很多做部屬的年輕氣盛時都可能犯過這樣的錯誤：當和自己的頂頭上司鬧意見

時，就直接向更高一層的上司去報告，好讓他為自己「主持公道」。可誰知最後的後果卻往往不盡如人意。一般情況下，向更高層上司打越級報告對自己是沒有好處的，因為越級報告表示上司與部屬間的關係完全破裂，不可能妥協，頂頭上司必然洞悉這一點，認為兩者不能共存於一個部門，在二者選其一時，低階員工必成淘汰對象。此外，上司必須維護管理階層，雖然基層員工說得有理，他也不會隨便懲罰有錯誤的主管。況且越級報告的人，事實上破壞了公司的作業流程，使上司頭痛。就算僥倖成功，上司也會認為該員工有不忠的性格。就算是你的越級報告不是為了自己的個人私利，而是完全為企業的利益著想，成功的機會也是很小的。畢竟在目前的社會環境下，論資排輩的現象還不可能完全消除。

林漢岳從某國立大學中文系畢業後，分配到某報社擔任副刊編輯。他理論基礎紮實、才思敏銳。參加工作不久，由他編輯發表的不少作品被多種文摘類報刊轉載。他自己還勤奮創作，先後在各大報刊發表了大量作品，引起同業人士的關注。而且在他的努力之下，部門開展了不少群眾性的工作，均取得成功。由於林漢岳越來越受到同事及作者的尊重，影響漸大。部主任慢慢地感到了他對自己的威脅，開

始排擠林漢岳，對他的合理性建議也不予採納。林漢岳不僅多才敬業，而且在事業上具有一定的開拓精神、創新點子。由於和部主任關係的「不睦」，他的一些想法無法付諸實施。於是，他乾脆越過部主任直接和總編輯去談，談他的計畫、想法，希望能得到總編的支持。結果不難預料，林漢岳的計畫不但沒能得到支持，還引起了部主任強烈的反感。對於總編來講，在林漢岳和部主任之間，他不能不考慮中層幹部的威信、情緒等因素，不能不維護管理階層；再者，越級報告事實上破壞了正常的管理模式，使總編憂慮。

越級報告失敗，林漢岳的處境更難了。和部主任關係的惡化，致使他的工作極端被動。無奈，他只好提出申請，要求調去其他部門工作。

所以作部屬的一定要切記：越級報告不可取，尤其是不可濫用，就算是在迫不得已的情況下採用，也一定要注意照顧自己頂頭上司的尊嚴和威信，畢竟你是屬於他直接「管轄」的。

下面教您維護上司身份的幾點技巧：

要想讓上司認為自己很「識趣」，很有自知之明，你最好在下述幾種情況下保持沉默：

1.上司考慮的事，不能隨便進言；

2.上司開會講完話後的那句「誰還有什麼要說的」或「哪位有不同意見要談」，千萬不可當真；

3.上司決定了的事徵求部屬意見時，一定要明白，這是在走過場，你說了也白說；

4.上司批評某位同事時；

5.上司遲到時，不能說「我等你好久了」之類的話；

6.上司處理公事時，不要開口詢問。

此外，下述幾點要求你也必須切記，萬萬不可造次：

1.在公開場合，譬如步入會場時，不能走在上司前面；

2.陪同客人吃飯時，不能坐在重要位置；

3.在辦公室不能動作太隨意。這樣容易使人誤認為你目無主管；

4.和上司外出上車時，要主動上前打開車門，等他坐好後你再上車；

5.上司和別人談話時，不要站在跟前；

6.上司講話出現差錯時，不要立即指出並予以糾正。否則會有失上司顏面，使他產生反感；

7.在公眾場合，應把上司放在重要位置，不能隨意顛倒了次序；

8.不要在別人面前表現得與上司過分的隨便和親近；

9.上司理虧或做事不當時，要給他台階下，不要使他太難堪；

10.即使不在公司或非工作場合，也要注意維護他的面子，不能把他放在與自己同等的地位上；

11.對於上司的愛好或忌諱，應表示充分的尊重；

12.藏起鋒芒，不要使上司感覺到不如你。大多數主管都喜歡在部屬面前表現自己多才多藝，即使你在不少地方都超過上司，也必須收斂；

13.不能在背後發洩自己的不滿，對主管說三道四。對上司有意見，當面不能提的，也不要在背後嘀咕。須知「紙包不住火」，不知道什麼時候你的話會傳進主管耳朵裡，這樣後果更加不妙。

總之，你要時刻牢記，上司在「任何時候」都是你的上司，他永遠不可能跟你站在一條起跑點上，就算他對你再好，你也只是他的部屬，你絲毫不可越雷池半步。

## 讓對方心甘情願

大多數上司是不易被部屬說服的，最高明的做法就是不讓上司有被說服的感覺，卻又要使上司採納自己的意見。卡內基說過：「推動別人的秘訣，就是讓對方自認為是心甘情願的。」

讓上司按他自己的標準來判斷你的方案，讓他出於自願而決定你的方案。朝著這個方向引導上司，這就是推動上司的竅門。

有些部屬往往喜歡從正面說服上司。如果你的上司比較豁達，不在乎部屬表達意見的方式，喜歡暢所欲言的部屬，你的正面說服方式不會造成什麼問題。但現實生活中，這樣的上司還是比較少的。大部份的上司，都不太喜歡在他面前過於隨便、放縱的部屬。如果你沒認識到這一點，在後一類上司面前過於直率驕傲地推薦你的提案，大都不會被通過。對一個富有經驗的上司，如果部屬從正面去說服他，而別人又在旁邊幫腔說這個方案如何好，反而會使上司感到懷疑，這個方案到底怎樣？另一個人是否是來為提出計畫的部屬說情的？兩個人是否串通一氣來遊說我？使上司產生了懷疑。倒是第三者這種旁敲側擊，擦邊球的方法運用得恰到好處，既表明了他對這個計畫的贊成，又含有比較客觀的成分，又給上司留有發表自己看法或意見的空間。既給了上司面子，又顯示出對上司的尊重。那麼，只要這個計畫本身確實好，上司就沒有理由不贊成。

這種做法就是凡事不要把自己放在正面的位置，要讓第三者巧妙地做見證，這就會產生良好的效果。

也有的部屬不知道採用適當的方法去說服上司，而是在上司面前無止盡地說個不停，就連上司的思路也被多次打斷，上司最終也只能報以苦笑而馬上結束談話：「你的意思我知道了，你回去等等再說。」不錯，也許你有能力又很聰明，但你的聰明才智需要得到上司的賞識，而你在他面前故意顯示自己，則不免有賣弄之嫌。上司會因此而認為你是一個自大狂妄、恃才傲慢、盛氣淩人的人而在心理上覺得難以相處，彼此間缺乏一種默契。

所以，在你給上司提建議時，要掌握一定的技巧和方法：要盡可能地謹慎一點並仔細研究上司的特點，研究他喜歡用什麼樣的方式接受部屬的意見。一般情況下，大咧咧的上司可用玩笑建議法，嚴肅的上司可用書面建議法，自尊心強的上司可用個別建議法，喜讚揚的上司可用褒獎建議法等等。

下面列舉兩位著名人物向上司提建議的技巧和方法，也許對你有所啟發。這兩位著名人物一個是美國第二十八任總統威爾遜的私人助理豪斯，另外一個就是史達林的高參華西裡耶夫斯基。

1.豪斯的「把種子丟到心中法」：在美國第二十八任總統威爾遜班底中的許多人，都覺得威爾遜像「一扇老橡木做的門」，絕大多數具有創意的意見都被他毫不留情地拒之門外。威爾遜能力過人，也非常自負，往往瞧不起別人的意見，甚至根本不予理睬。但有一個人例外，就是他的私人助理豪斯。豪斯的絕招其實很簡單。因為豪斯也曾遭受到無情的拒絕，總統曾告訴他：「在我願意聽廢話的時候，就會再次請你光臨。」聰明的豪斯經過苦心研究，終於找到了向上司進言的方法。在一次宴會上，豪斯很吃驚地聽到總統正把數天前自己的建議，作為總統本人的見解公開發表，此事使豪斯頓時覺悟，他得出結論：在提建議時一定要避免他人在場，要悄悄把意見移植到總統的心中。讓總統自己把這一個天才的構思公之於眾，使總統堅定不移地相信，這是由他本人所想出的好主意。豪斯就是巧妙地運用這種方法使總統毫不猶豫地批准了許多重大的計畫。豪斯在若干年後回憶說：「我不願意稱那些計畫是我的，並不僅僅出於討總統喜歡。我的計畫充其量是一顆種子，要長成參天大樹必須有土壤、水分、空氣和陽光。只有總統才具備這些條件。把種子變成大樹的人，公平地說是總統。我只不過把種子種到了總統心中。」

2. 華西裡耶夫斯基的「裝糊塗法」：大家對史達林都不陌生，他對前蘇聯的成立和建設做出了不可磨滅的貢獻，在二戰中為戰勝法西斯德國也立下了汗馬功勞。可就算是這樣一個偉大的人物，他也有自己的「死穴」。在二戰中不知是什麼原因，他變得特別唯我獨尊，尤其是在對待部屬提意見這件事上，他往往是怒氣衝天。如大本營總參謀長朱可夫將軍曾建議放棄基輔城以免遭德軍的合圍，然而這一具有戰略意義的建議，卻被史達林認為是胡說八道，並一怒之下把朱可夫趕出了大本營，之後，基輔城果然遭受合圍，守城的蘇軍精銳部隊全軍覆沒。雖然史達林有錯，但朱可夫作為部屬未能讓上司接受建議也當有過。

另一位蘇軍大本營參謀長華西里耶夫斯基，其進言策略卻很高明。在史達林的辦公室裡，華西里耶夫斯基常以談天說地式的閒聊方式不經意地說出自己的建議，令人稱妙的是等他離開辦公室以後，史達林往往很快就能想到一個好的計畫，不久史達林就會在軍事會議上陳述這個計畫。華西里耶夫斯基本人會像大家一樣用驚訝的神態贊許史達林的深謀遠慮。

華西里耶夫斯基在軍事會議上也發表見解，但他的發言很特別，他首先講幾條正確的意見，卻顯得口齒不清、支支吾吾，甚至用詞不當、含糊不清。因為他坐在史達林的旁邊，只要史達林明白是什麼意思，別人是否明白並不重要，然後他再畫蛇添足地講幾條錯誤的意見，然後讓史達林開始批評，使得在場的人膽戰心驚。事後往往有人嘲笑華西里耶夫斯基神經出了毛病，是個標準的受虐狂，而他卻有自己的見解：「我如果也像你一樣聰明，一樣正常，一樣期望受到最高統帥的當面讚賞，那我的意見也就會像你的意見一樣，被丟到茅坑裡去了。我只想讓我的進言被採納，我只想讓前線將士少流點血，我只想讓我軍打勝仗，我認為這比討史達林當面讚賞重要得多。」

看了上面這兩位著名人物向上司提建議的技巧後，你自己是否會有一種豁然開朗的感覺：原來是這樣的呀！怪不得每次我提的建議都被上司像丟廢紙一樣丟到垃圾筒裡去了！

此外，你還要注意當你給上司提意見或建議時，還必須看他當時的心情如何，如果他心情好，那麼可能會一切順利，而如果他心情不好，那你可要小心了，就算你採用再高超的技巧，往往也是白費功夫。恰當的做法是如果上司當時心情很好，你可以針對一些現有的問題提出具體的意見，以便讓上司採納並且支持你。而當上司心情欠佳時，你不妨試探性地提出一些帶有建議性的計畫，可供上司參考，這時千萬不要向他提什麼要求，以免惹得上司厭煩而否決了你的要求。當你對上司提出意見時，必須要有憑有據，特別是在涉及人事問題時，一定不要讓上司認為你這是在有意針對某人。這樣會令上司無法重視你的意見，甚至會產生反感。當上司向你提出問題或問及你對某件事情的意見時，你千萬不要表現出茫然不知的樣子，對於你工作範圍內的事情你應對答如流。這樣你才會在上司心中留下一個好印象，才會有出頭之日。

在對他提意見時，你最好可先尋找一些自然、活潑的話題，令他充分地表達意見，你適當地再做稍許補充，提一些問題。這樣，他便知道你是有知識、有見解的，自然而然地認識了你的能力和價值。你切記不可用上司不懂的技術性較強的術語與之交談。那樣做，他會認為你是故意難為他；也可能還認為你的才幹對他的職務將構成威脅，並產生戒備而有意壓制你。

當然也許有人會這樣問：我採用上述方法使上司接受了自己的意見和建議，可是這對我有什麼好處呀？況且也有可能使上司認為那只是他自己的優秀設想，是自己聰明能幹，和旁人無關，我豈不是吃力不討好？其實這種擔心是多餘的，因為即使上司無意採用你的構想，但最低限度，他是第一個認同你這「優秀構想」的人，你的智慧雖不如他，也差不到太遠。日後要拔擢部屬，自然你為首選人物。但是你也要注意雖然你出力為上司完成重要的計畫，取得美滿業績，按理應獲稱讚及獎勵，才華有機會展現，自然感到興奮。不過，在這裡提醒你不要太得意洋洋——你曉得「兔死狗烹」的意思嗎？你的上司當然未必會因你有功而迫害你，但鋒芒過露、功高震主，不免容易將自己陷於危險的境地。歷史上很多故事和傳說相信你也都略知一二，所以要懂得適時地功成身退。

總之，無論你所面對的上司是一個怎樣的人，你都要尊重他們，尤其是對於那些有很多缺點的上司。他雖然有很多缺點，但能成為你的上司，肯定是有強過你之處，你要多看他的優點和長處，不要緊盯他的缺點不放。而且你也明白你的工作能力、工作性質決定了你對職業的選擇範圍也有一定的侷限性，並不是所有的公司都適合你，如果你僅僅因為不尊重上司而丟了工作，就算是你到別的公司應聘時，他們也有可能會到你原來的公司去瞭解你的情況。試想當他們得知你是不尊重上司的人，那麼他們還會聘用你嗎？因此，不管是從哪方面來說，為你的前途或者你的生活著想，你都要對你的上司多一份理解、多一些尊重，逐漸清除他對你的戒備。只有如此，你才有可能會很快得到提拔和重用，才有可能實現自己的理想和人生價值。

## 故意留點破綻

品帆和昭閔是大學同學，畢業後又同在一個公司部門工作。每當品帆向主管請示彙報工作時，總是滴水不漏，面面俱到，生怕讓主管看出問題，挑出毛病。而昭閔呢？時常丟三落四，想問題不周全，因此導致主管總是對他進行一番具體的評判指導。同一項工作，品帆總是靠自己去獨立完成，而部門的其他人總是非常願意幫助昭閔，甚至主管也不時地對昭閔的工作予以指點。

品帆與昭閔大學相處四年，對他非常瞭解。在品帆的印象中，昭閔非常細心，而且具有很強的獨立完成工作的能力。同事們非常喜歡和昭閔交往，主管也似乎並不因為昭閔的粗心大意而不滿，而且有什麼問題還特別願意找昭閔商量，至於對待品帆總是不冷不熱。一來二去，昭閔在辦公室的地位不知不覺地有了提升，大有成為未來主管的趨勢。而品帆呢，儘管工作依舊十分努力，卻總是無法得到主管的青睞，品帆對此頗為不解，因此陷入了深深的苦惱之中。

品帆想把每一件工作做得盡善盡美，不讓主管挑出一點毛病，主觀上的動機是

好的，但客觀上卻沒有給主管留下發揮的餘地。此舉給主管的暗示可能是：拒絕承認主管比自己高明。要知道，主管總會有辦法證明自己比部屬高明。雖然未必會給品帆穿「小鞋」，但不可否認的是，主管的心中是不會接納品帆的。

而昭閔則深知其中奧秘，在主管面前總是有意識地顯得有些不「成熟」，從而引得主管對其工作評頭論足，增加與主管接觸的機會。而主管也由此充分展示了自己的才幹，顯示了比部屬的高明之處，從中找到了優越的感覺，自然也就願意對昭閔的工作加以關照。因此，昭閔受到主管重視是自然而然的事情。

這種主管是典型的「武大郎開店」，既承認你的能力，又怕你取代他的位置。所以你要時時請教他並和他經常溝通，誠懇地請求他的指點，給主管展示才能的機會。當然，也要讚揚主管有你沒有的長處，這樣才可以消除他的嫉妒，滿足他的權力欲和自以為是的虛榮心。

嫉妒心強的上司有能力差的一面，也有能力強的一面；你水準高，也有弱的地方。把姿態放低，對人更有禮，更客氣，千萬不可有倨傲的態度，這樣就可以適當降低上司對你的嫉妒，因為你的低姿態使上司在自尊方面獲得了滿足。因此你必須注意以下三點：

1.不要穿得太名貴招搖：切勿穿得比自己的上司更好。身為部屬，穿著比上司更體面，多少都會讓上司反感。有時候，連上司本人也不一定清楚自己究竟為什麼會對某一個部屬沒有好感，但其實衣著是其中非常關鍵的因素。

2.在辦公室閒聊時，不要拿主管開玩笑：一些上司採取平易近人的「親民政策」，在辦公時間偶爾也會與部屬談論說笑。但要記住，他可以這樣做，並不表示做部屬的也可以這樣做。

3.開會時不要在上司面前滔滔不絕地發表意見：你如果自以為很了得，實際上是在自招禍患。所謂言多必失，在上司面前更要警戒。作為部屬，最忌諱的是上司說一句，你卻跟著說了十句。特別是有人當眾說你比上司更有才華時，上司會因此感到自尊心受到傷害，嫉妒不已。

## 在上司面前認錯的藝術

在與上司相處的過程中，你難免會說錯話，辦錯事，輕則造成上司不悅，重則造成工作上的損失。所以一個好部屬應是隨時自省、勇於認錯的人。你越是能推功攬過，知錯認錯，上司就越器重你，上下之間的感情就越融洽。因此勇於認錯不失為與上司協調人際關係的一條秘訣。在與上司相處的過程中，發生差錯是在所難免的，關鍵在於是否知錯改錯。如果固執己見，有錯不認錯，知錯不改錯，那麼久而久之，你與上司之間就會產生裂痕，最終很可能是「不歡而散」。因此，作為部屬，在自己說錯話、辦錯事後，一定要保持冷靜，正確處理，切不可做出後悔莫及的事情來。

1. 要勇於認「過」：能否做到敢於承認自己的過錯，這也是衡量你成熟與否的重要標誌。尤其是在自己做錯事情但一時還沒有會過意的情況下，更要有敢於認「過」的勇氣和誠意。勇於認「過」，首先要有自知之明，自以為是，認為自己從來不會做錯事說錯話，那是十分幼稚的。其次是要嚴於解剖自己，不自己原諒自己，哪怕只有百分之一的過錯，也要當作百分之九十九的過錯來對待。當然敢於認「過」不等於處處違心地接受批評，一時可以「代人受過」，事後還是要向上司說明事情的原委，以便上司明白真相。

許多人都很害怕鴨霸的上司，看到他火冒三丈的樣子心裡就直打哆嗦。對於那些脾氣太大的鴨霸上司，你千萬不要心存畏懼。其實這根本就沒有必要，他脾氣再大也不會活活吃了你。

作為一個下屬，你完全不必害怕聲色俱厲的鴨霸上司，越是嚷得凶的上司，往往心越軟。況且他只是脾氣上來時才那樣不可理喻，等到發完脾氣之後就會變得心平氣和了。

2. 要主動攬「過」：主動攬「過」，是對事業高度負責和待人以誠的具體表現。如何對待成績，可以看出一個人的本色。如何對待過失，往往更能考驗和認識一個人。所以，主動攬「過」應該成為好部屬必須具備的品德。首先，由於上司決策不當，使你在工作出現失誤或遭受挫折時，你應該恰當地表達你的攬「過」之情，以寬上司之心，分擔由此而造成的壓力。這樣做，既表示了你對上司的關心，也會贏得上司的信任。其次，當同事發生過失時，千萬不可幸災樂禍，或把功勞歸於自己，把錯誤歸於他人。要主動承擔自己應負的責任，從嚴於責己的高度分擔一些本應由他人承擔的責任。這樣做，對增進上下級之間的友誼是十分有益的。再來，當上司表揚自己，批評他人時，要主動檢查自己的不足，多講他人的長處，以減輕他人的壓力。

3. 要積極改「過」：勇於承認自己的過錯，這只是改「過」的前提，上司看重的往往是你如何改「過」。在如何改「過」上有幾種態度：一種是當面表示誠懇接受「批評」，口若懸河般地表示改「過」的決心，但事後不思悔改，我行我素。另一種態度是當面認錯，事後積極地改「過」，而且如果你將當面認知到的過錯認真改了，當面沒有認知到，但在事後認知到的過錯也一併改了。這種態度是上司最歡迎的。

4. 簡潔適度地道歉：脾氣太大的上司怒火中燒之時往往希望下屬能向自己認錯，能夠深切地進行反省。許多下屬都深諳這一規律，於是當上司訓斥完自己的時候就馬上向上司深切反省一番，以求能獲得上司的原諒。向上司道歉的確是一個獲得上司好感、消除上司怒火的重要方法，但是道歉也有一定的原則，絕對不是隨意地進行。我們認為，當你向上司道歉時，一定要簡潔明瞭，恰到好處。千萬不要悔恨不已，痛哭流涕，不成體統。越把自己說得無能，越會增加上司對你的不滿。還是適當一點為好，但絕對要說到本質上，說明自己對錯誤已經有了足夠的認識。

5. 站在對方立場講話：當你向脾氣太大的上司辯護時別忘了站在對方的立場上講話。上司責備下屬，當然是出於自己的立場。如果下屬不瞭解這一點，一味認為自己受了冤枉，站在自己的立場上拼命替自己辯解，只會越辯越使上司生氣。應該把眼光放高一點，站在對方的立場上來解釋這件事，則容易被接受。任何人都有保護自己的本能，做錯事或和旁人意見相左時，都會積極地說明經過、背景、原因等。但在上司看來，這種人頑固不化，只是找理由為自己辯護罷了。你只有站在上司的立場上理智地說明事實，才有可能得到上司的理解和認可。

在勇於認錯的同時，也要防止出現以下三種情況：

1. 不要當雙面人：作為部屬，與上司朝夕相處，應該有話說在當面，切忌當面不說，背後亂說。尤其在受到上司批評後，更不能「見人說人話，見鬼說鬼話」，有意見有想法不在上司面前說，而是背後不分場合地到處亂說，這實際上是一種兩手策略的行為。因此在向上司認錯後，不應該在另外的場合發洩不滿。如果那樣，不論你是有意識，還是無意識，都會招來搬弄是非之嫌。

2.不要給上司留下弱者的形象：勇於認錯固然可貴，但唯唯諾諾，俯首貼耳，像隻小綿羊似的，無論上司說什麼都點頭稱是，那也容易給上司留下懦弱的印象。既要勇於認錯，又要善於認錯。不要完全把自己置於「受氣包」的地位，任憑上司批評而不吭一聲。要認得在理，認得恰當，使上司感到你是顧全大局，很有修養的人。

3.要防止陷入被動：今天認個錯，明天又認個錯，日久天長，容易給上司留下「只會認錯，不會辦事」的感覺。因此，認錯的事最好不要經常發生。要努力創造工作成績，讓上司滿意，讓上司經常表揚你，覺得你是一個舉足輕重的人，讓他感到你不在他身邊就不方便。這樣你就會處於主動地位，你的工作也就能得心應手了。

# 第8章

# 給別人面子<br>就是給自己面子

## 面子很重要

小王在技術部門的時候，是個一級天才，但後來調到管理部門當主管後，卻發現非其所長，不能勝任，但公司又不願傷他自尊，畢竟他是個不可多得的人才——何況他還十分敏感。於是公司又給了他一個新頭銜：業務諮詢主任工程師，工作性質仍與原來一樣，而讓別人主管管理部門。

小王當然很高興，因為他既得到了升遷，又能從事自己喜歡的工作。公司主管也很高興，因為他們終於把這位脾氣暴躁的小夥子遣調成功，而沒有引起什麼風波——因為他仍保留了面子。

在我們的社會裡，保留他人的面子、給別人一個台階下是非常重要的事情。而人們卻很少會考慮到這個問題。人們常喜歡擺架子、我行我素、挑剔、恫嚇、在眾人面前指責他人或雇員，而沒有考慮到是否傷害了別人的自尊心。其實只要多考慮幾分鐘，講幾句關心的話，為他人設身處地想一下，就可以避免許多不愉快的場面。

所以，當你必須指責他人或處理解雇及懲戒事項的時候，不要忘了給人留面子這一點。

美國的一位會計師曾說：「解聘別人並不有趣，被人解雇更不有趣。我們的業務是季節性的，所以，在所得稅申報熱潮過了之後，我們得讓許多人走路。」

「我們這行有句話說：沒有人喜歡揮動斧頭。因此，大家變得麻木不仁，只希望事情趕快過去就好。通常，例行談話是這樣的：『請坐，亞當斯先生。忙季已經過去了，我們已沒有什麼工作可以給你做。當然，你也清楚我們只是在旺季的時候雇用你，因此……』」

「這種談話會讓當事人失望，而且有種傷害尊嚴的感覺。所以，除非不得已，我絕不輕言解雇他人，而且會婉轉地告訴他：『亞當斯先生，你的工作做得很好（如果他的確做得很好）。上次我們要你去華盛頓，那工作很麻煩，而你處理得很好，一點也沒有差錯，我們要你知道，公司很以你為榮，也相信你的能力，願意永遠支持你，希望你別忘了這些。』結果，被解雇的人覺得好過多了，至少不覺得『損及尊嚴』。他們知道，假如我們有工作的話，還是會繼續留他們做的。或是等我們又需要他們的時候，他們還是很樂意再回來。」

縱使別人犯錯，而我們是對的，但如果沒有為別人保留面子、給別人一個台階下就會毀了一個人。要改變人而不觸犯或引起反感，給人留面子、給別人一個台階下是最好的辦法。

在我們這個社會面子是很重要的，千萬不要當著眾人去指責一個人，在懲罰、解雇他人時更要給人留面子。

## 面子是人給的

有位藝文界朋友，每年都會受邀參加某公司的雜誌評鑑工作。這工作雖然報酬不多，但卻是一項榮譽，很多人想參加卻找不到門路，也有人只參加一二次，就再也沒有機會了！問他為何年年有此「殊榮」，他在年屆退休、不再參加此項工作後才公開秘訣。

他說，他的專業水準並不是關鍵，他的職位也不是重點，他之所以能年年被邀請，是因為他很會給別人「面子」。

他說，他在公開的評審會議上一定會把握一個原則：多稱讚、鼓勵而少批評；但會議結束之後，他會找來雜誌的編輯人員，私底下告訴他們編輯上的缺點。

因此雖然雜誌有先後名次，但每個人都保住了面子。也就因為他顧慮到別人的面子，因此無論是承辦該項業務的人員還是各雜誌的編輯人員，大家都很尊敬他、喜歡他，當然也就每年找他當評審了！

在我們的社會裡，「面子」是一件很重要的事，為了「面子」，小則翻臉，大則會鬧出人命！如果你是個對「面子」無所謂的人，那麼你必定是個不受歡迎的人；如果你是個只顧自己面子，卻不顧別人面子的人，那麼你必定是個有天會吃暗虧的人。

人很奇妙，可以吃悶虧，也可以吃明虧，但就是不能吃「沒有面子」的虧，要在這個關係複雜的社會裡求生存，必須瞭解到這一點。這也就是很多老於世故的人不輕易在公開場合說一句批評別人的話的原因，寧可高帽子一頂頂地送，既保住別人面子，別人也會如法炮製，給你面子，彼此心照不宣，盡興而散。這種情形在各個場合都屢見不鮮。

年輕人常犯的毛病是，自以為有見解，自以為有口才，逮到機會就大發宏論，把別人批評得臉一陣紅一陣白，他自己則大呼痛快。其實這種舉動正是在為自己的禍端鋪路，總有一天會吃到苦頭。

事實上，給人面子並不難，也無關乎道德，大家都是在這個社會裡討生活，給人面子基本上就是一種互助。尤其是一些無關緊要的事，你更要會給人面子。至於重大的事，就可以考慮不給了，你不給，對方也不敢對你有意見！他若強要面子，就有可能在最後失去面子！

## 給貪圖小利的人一點面子

現實生活中，不管是誰，都喜歡和那些豪爽熱情、慷慨大方的人交往，而不願意跟貪小利者打交道。這種心理無可非議。然而，即使是這樣做，也存在一些問題。對我們而言是縮小了交際圈；對貪小利者來說則陷入「完全孤獨」，這對彼此的工作、對人際關係都不利。

社會心理學家告訴我們，一個人的行動與動機，並非完全是一對一的，它們之間存在著錯綜複雜的關係。同一動機可以有不同的行為；同一行為亦可以有不同動機。「貪小利」是行為表現，並不一定完全是渾身沾滿銅臭的利己反映；即使是利己主義者，亦非不可救藥者，況且各人表現程度也不盡相同。一般說，貪小利者有兩種：一種是受生活習慣所影響；另一種是受生活觀念所支配。因此與不同心理狀態的貪小利者相處，就應持不同的態度，用不同的鑰匙去打開他們的「心鎖」。

一些人貪小利的毛病是受社會環境（特別是家庭環境）的影響，而形成的一種生活習慣。這種人往往缺乏遠大的理想，胸無點墨，生活作風隨便，自尊要求低，得過且過，不求上進。這種人一般心地不壞，而且性格內向，毫無隱諱，容易深入瞭解。

跟這種貪小利者打交道時要注意正面引導，引導他們在學習上和工作上下功夫，以提高其理想層次。理想層次提高了，自尊的要求就會隨之增長，貪小利的毛病就會相應地得到克服。對這類人貪小利的毛病不可姑息。對他們的姑息，只會加重這種不良生活習慣。另外也不可對他們進行諷刺挖苦，因為諷刺挖苦會影響其自尊需要的提高。

還有一種貪小利的人，他們的行為是受一定意識形態支配的，其貪小利行為反映著其生活觀念。這種人往往具有比較特殊的生活閱歷，在生活中受過磨難，生活觀常常表現為以「自我」為中心。

你採取一般的說理方法，是無法解決其觀念形態問題的，應真誠地與之相處，用自己的博大胸懷去感化他們。在工作、學習、生活中，真誠地、無微不至地去幫助他們，使他們在自己的行動中得到感化。譬如外出時，熱情地拉著他，坐車、吃飯、看電影、逛公園、照相，爭著出錢，而且對他從不表現出不滿與鄙視，你切記要保留他的面子。平時，又總是講一些他所欽佩的人的寬宏大度、不計個人得失的事例，使他逐漸地意識到自己的不足。

貪小利不管出自哪一種心理狀態，冰凍三尺，非一日之寒，要他們一下改掉這種習慣並不實際，只能潛移默化，而且允許出現反覆。如果一個人去感化猶嫌力量不足，可動員一些和他要好的朋友來共同感化他。當貪小利者真正理解了你一顆真誠的心後，他是會永遠感激你的，由此所建立起來的友誼，也一定是純潔、牢固的。

## 給虛偽高傲的人一點面子

虛偽高傲的人總是追求片刻的榮耀，而沒有其他渴求。自己高傲自大、擺架子，也無非是將「自我」提高起來。那麼只要我們成全他那可憐的虛榮心，即使他得到的是失敗，他也不會認為是多麼了不起的事。如果這種愛虛榮的觀念一旦在他的腦海裡根深蒂固，他那種渴求人家頌揚的心理簡直是迫不及待，只要有人對他頌揚和諂媚，對他來講簡直就是飛上了天。

這種人因過分的注重虛榮，養成了一種十分幼稚的習慣。內心既然有過分的虛榮，外部就難免誇誇其談，其結果必然很糟。因為他在誇耀自己的同時，必然表露和證明了他的種種特殊的弱點。

美國的鋼鐵與煤炭大王佛立克在他的早年時期，便能掃清障礙，走入坦途，是因為他不僅勤勞吃苦，而且又善於取勝虛偽高傲的人。

佛立克出生於一個偏僻的小鄉村，最初在一個小店裡當夥計，以求溫飽。隨後在馬克倫和伽裡色大商場做店員，每月收入也很少。當時他工作的地方共有二十多個夥計，個個努力工作，拼命競爭，而佛立克是其中最後一個進店的店員。不久以後他在店員名冊上居然名列前矛了。這本來就令人刮目相看了，但更令人驚訝的是，他與所有在各方面都不如他的人都有著相當好的友情，別人對他都抱以好感。

在佛立克尚未步出眾人行列之前，有位叫做柏賴爾的店員，頗得人們的讚許。不但被認為是「領袖店員」，並且他還享有「服務頭等ＶＩＰ的權利」。對於這些，其他店員只有拱手相讓。當時，佛立克想攻擊和擊倒的便是這種特殊的店員和這種特殊店員的特殊權利。不過佛立克並沒有想到以敵意去對付他。他先把柏賴爾認認真真地品評一番，知道柏賴爾富於虛榮心，而且傲氣十足，自以為是。佛立克斷定柏賴爾所企盼的只是讓人知道他如何了不起，他認為這是一種既簡單又容易滿足的企求。針對柏賴爾的這一性情，佛立克輕而易舉地制勝了他。

雖然佛立克的取勝使柏賴爾感到「悲酸苦澀」，有些時候很是不自在，但他卻能體會到柏賴爾的感情。佛立克施以圓滑溫和的手段，不久便攏絡了全體店員，博得了他們的愛戴。從中我們可以看到他的處世為人是多麼老道、成熟。

我們對於虛偽高傲的人，應將他各方面的表現綜合起來，加以品評、判斷，以明瞭他的真實情況。這樣做很有益處。一方面可以免除我們的失望，另一方面也省得他人的不良動機得逞，因而阻礙到我們。

這種類型的人有些是很有發展前途的，只是由於種種原因使他們自覺不如人，相反地表現出一種驕傲的心理思維與活動。

聖路易斯大百貨商店的總經理就利用一種巧妙的辦法挽救了一名即將被革職的年輕人。這位年輕人常與顧客及同伴作對，部門經理準備辭掉他。聖路易斯商店的總經理威津遜知道這個青年與其他雇員不太一樣，別人都不太喜歡他、也不願與他合作。但威津遜發現他「渴求上進」。於是威津遜就想法去幫助他、挽救他。一天晚上，威津遜走到絲綢部，那兒有一大堆存貨，他便告訴他如何將這批貨上架、佈置，同時還向這位青年講了一些關於店員該具備的條件、素質及才能和技術等方面的事。威津遜說：「我想讓他知道我是信任他的。」

第二天上班後，威津遜又來到他的櫃檯前，讓部門經理對他佈置的靈巧加以讚賞，並給予一些勉勵的話語。後來威津遜說：「這點小小的指導，對他將來的發展確實起了很大的作用。」這位青年有了搞好工作的自信心，工作也出色多了，與顧客及同班的同事的關係也變得融洽了。從此，別人對他的印象有了大轉變，使他更加增添了勇氣。不久以後，這位原先準備被辭退的青年當上了該部門的領班。原來，威津遜早已知道了這個店員的癥結所在，他為人不和、與人作對，是因為他自以為不如人，於是便裝著高傲，以滿足自己顯得空蕩蕩的心理。

那麼，從這個例子中我們可以瞭解到，對待這類人，補救的方法是什麼呢？那就是相信他，對他表示信賴，並在適當的場合給他一點取勝的機會，讓他把自己的自信心建立起來，並養成一個好的習慣，以代替那種為滿足自己虛榮心而表現出來的盛氣凌人的傲慢態度。舉凡高傲自負的人，一般都有一顆纖細的心。因此，他們需要補償。

此外，還有一種自負的人，那就是傲慢驕縱。他無論到什麼地方，總以為「人不如我」。這種人自以為其他人都不如自己。這種人將他的驕氣潛藏在虛偽和謙和之中。那麼要如何對付這樣的人呢？有位名家說得好：「有許多人，讚美他不免是件危險的事，因他自命不凡，一經抬高，他就要跌得粉碎。狠狠地揍他一頓，也許是良策益方。」

## 喧賓奪主要不得

一位分公司的公關經理曉佩在商場上有很高的聲譽，前些天聽朋友說她因一件小事而被迫辭職，我感到非常驚訝，後來經瞭解才知道事情的始末。事情是這樣的：總公司的幾位最高主管決定舉行宴會。除了子公司的總經理及一些要員外，總公司的要員當然也少不了，再加上一向合作無間的大客戶，宴會是非常的盛大。

作為公關經理的她喜歡以女強人自居。在任何方面，她的屬下都幹得非常出色，這也是她引以自豪的。但不知是否被勝利沖昏了頭腦，她在一些宴會中，鋒頭有時竟淩駕於總經理之上。總經理是一位好好先生，在不損及自己利益的情況下，每每讓她發言。總公司與分公司聯合宴會的機會很少，她還是頭一次經歷。由籌備宴會開始，她抱著很謹慎的態度，務求取得母公司主管的贊許。

宴會當晚，她周旋於賓客間，的確令現場氣氛甚為歡樂。直至分別由總公司的高層主管及分公司的總經理致詞時，她在旁邊逐一介紹他們出場。輪到她的上司，即子公司總經理，她不知因為什麼在總經理介紹之前，自己竟先說了一番致謝辭，感謝在場客戶一貫的支援。雖然三言兩語，已讓總公司的主管皺眉，因為她負責的，只是介紹上司出場，而非獨立發言。

在宴會中，總公司主管與她交談，發現她提及公司的事時，都以個人主見發表，全不提及總經理的想法。給人的感覺是，她才是分公司的最高主管。結果，分公司總經理被上級邀請開會，研究他是否堅守自己的職位，而非疏懶至由公關經理代為處理日常業務。她終於自動辭職，原因是她認為被總經理削權，卻不知道是自己的鋒芒太露，喧賓奪主。

作為部屬，你的任務主要是協助上司，在單位最高層人物的眼中，你部門做出的成績，自然也是公司主管領導下的成果。部屬盡力完成上司指派的工作是分內的事，假如你硬要出風頭，只會讓人覺得你不自量力、不懂大體。另一方面，如果你鋒芒畢露，上司會從心理上感到壓抑、煩躁，在感情上會很反感。你就會變成上司的心腹之患，即使不會陷害你，你以後也別想有更大的發展了。而像我所提的公關經理那樣，因為她過於越位的表現，導致總部懷疑她的上司是否失職，那麼她的上司就算是再好的好好先生，也會採取行動保全自己。

## 在爭辯中輸了又何妨？

十九世紀時，美國有一位青年軍官因為個性好強，總愛與人爭辯，所以經常和同僚發生激烈爭執，林肯總統因此處分了這位軍官，並說了一段深具哲理的話：「凡能成功之人，必不偏執於個人成見，更無法承受其後果；這包括了個性的缺憾與自製力的缺乏。與其為爭路而被狗咬，毋寧讓路於狗。因為即使將狗殺死，也不能治好被咬的傷口。」

二十世紀初的美國總統威爾遜，他有一名得力助手，就是財政部長威廉麥克阿杜，他也曾以多年的從政經驗，告訴我們一個重要的道理：「你不可能用辯論擊敗無知的人。」

的確，你若是無知的人，什麼人能用辯論換來勝利呢？

記得我大學剛畢業時，有一次參加朋友的婚禮，席間有一位年輕人在說明新郎與新娘的關係時，用了「青梅竹馬」這個成語。但他為了誇耀自己的博學，還念出了這首詩：「郎騎竹馬來，遶床弄青梅。」不過，這位年輕人卻搞錯了，他所念的這首詩是唐代詩人李白所寫的，而他卻誤以為是宋代女詞人李清照所寫的詩，可能因為這首詩蘊含的感情深厚，害得他誤會是出自女性作家之手。

也怪我當時年輕氣盛，又認為中國文學是我的特長。為了誇耀這點，我毫不客氣地當著眾人的面，糾正那人的錯誤；可是不說還好，這樣一說，那人反倒更加堅持自己的意見了。

就在我和他爭論不休時，恰巧我看見我的大學老師坐在隔桌，我的這位老師是專攻唐代文學的博士，現在任教的課程也都是和詩有關，於是我和那年輕人去見我的老師，他也聽過我老師的大名，所以同意讓我老師當裁判。我和他都把各自的觀點說完，老師一直只是靜靜地聽著。然後在蓋著桌布的桌下，用腳輕踢了我一下，態度莊重地對我說著：「你錯了，那位先生說的才對。」

回家的路上我越想越不服氣，我不相信老師這麼有學問的人，竟也會忘記這首詩。於是我一到家就從書架上找出《唐詩三百首》，第二天我連班都不上了，拿著書去學校找老師，要他還我一個公道。在教授研究室裡我遇上了老師，還沒等我把書拿出來，老師就先說了：「你昨天說的那首詩是李白的〈長干行〉，一點也沒錯。」這時我更納悶了，老師看了看我溫和地說：「你說的一切都對，但我們都是客人，何必在那種場合給人難堪？他並未徵求你的意見，只是發表自己的看法，對錯根本與你無關，你與他爭辯有何益處呢？在社會上工作別忘記這點，永遠不和人做無謂的爭辯。」

「永遠不和人做無謂的爭辯。」這句話成了我的座右銘。儘管我和老師已多年不見了，但我永遠記得他當時說這話的神情；這句話至今仍然深深地影響著我。

在辯論結束之後，爭論的雙方十有八九比原來更堅持自己的論調。我們能在辯論中獲勝嗎？永不可能，因為假如我們辯論輸了，那便是無話可說；就算是贏了，一樣也是「輸」。為什麼呢？假如我們贏了對方，把他的說法攻擊得體無完膚，那又能怎樣呢？我們如果得到一時的勝利，那種快感也維持不了多久。

相反的，如果對方在爭辯中輸了，必然會認為自尊心受損，日後找到機會，必然又是報復。因為一個人若並非自願，而是被迫屈服，內心仍然會堅持己見。

當我們與人爭執時，總是不自覺的面紅耳赤。也許我們是對的，甚至是絕對的。但之於對方的想法卻毫無作用——還是如錯誤的一樣。

每當我們要與人爭辯前，不妨先思考一下，到底我要的是什麼？一個是毫無意義的「表面勝利」，一個是對方的好感。這兩件事就如孟子所說「魚」與「熊掌」不可兼得。你需要的是什麼呢？

所以在美國有家保險公司，訓練銷售員的第一條準則就是「不要爭辯」。因為推銷不是辯論，不需為不必要的細節，甚至不相干的事情來爭論。

## 做烏龜勝過做刺蝟

在生物圈裡，各種動物都有其求生的本能；求生包括兩個動作：一種是帶有攻擊色彩的覓食行為，另一種是保護自己不受傷害的自衛行為。這麼多的動物，求生的本能大同小異，也各有其生存的空間；但有兩種動物，其性格如果放在現實社會裡來看，則充滿了對人類的啟發性意義。

烏龜眾所周知，牠動作慢不說，遭遇外力干擾時，便把頭腳縮進殼裡，牠不會反擊，可是你也拿牠沒辦法；一直到外力消失，牠認為安全了，才把頭腳伸出來。這是烏龜的自衛方式。刺蝟則不同，一有外力靠近，牠就豎起全身的刺，讓外力知難而退。在自衛行為上，烏龜採取的和刺蝟完全不同，烏龜不會傷人，但刺蝟會傷人。

在現實社會裡，人也需要自衛，但不同的自衛方式，會產生不同的人際效應。這是因為人的世界比動物世界複雜，而人活著，也不只為了生物性的存在而已。

以人性的觀點來看，烏龜式的自衛似乎好過於刺蝟式的自衛。烏龜把頭腳縮進殼裡，對外力的反應可說是有些「遲鈍」，但因為有硬殼的保護，想吃牠也不是件容易的事，因此烏龜對外力的侵凌採取的是「逆來順受」的方式，直到對方倦了、膩了為止。但刺蝟是一有風吹草動就豎起尖刺，使其他的動物不敢接近。

人如果採取烏龜式的自衛方式，帶一些遲鈍，就可以減少很多不必要的誤會與麻煩。因為人際的紛爭不是單方面可以造成的，必須有人回應才可能爭得起來，而遲鈍則可化解這些挑釁，「逆來順受」太極拳式的柔性回應，也可使對方的動作軟化，力量散化，讓對手「無功而退」。另外，由於你知道自己在做什麼，所以你對所處環境有所認知的「心」就有如烏龜的硬殼，使你不致受到傷害。至於刺蝟式的自衛，高警覺的反應固然可以立即使自己進入「備戰」狀態，也可以擊退若干不懷善意者，但若擊不退對方，勢必引起一場廝殺，你會勝利，但也會遍體鱗傷，更有可能被殲滅。為自身權益而戰，是人人肯定的「聖戰」，但這種動不動就豎起全身尖刺的動作卻也會使一般人不敢靠近你，因為他們不知道你是否會對他們的友善動作做出錯誤的判斷，他們怕被你的緊張、過度保護自己而刺傷！

在現實社會裡，具有烏龜人際性格的人，朋友較多，也比較不會有人際問題，對他有敵意的人，最後都成了他的朋友；有刺蝟人際性格的人則相反，朋友越來越少，因為人人都怕惹他！

所以，做烏龜好過做刺蝟！

## 給他人留條路

某天，我的朋友看上一棟大樓並想在那裡開餐廳，透過仲介與房東交涉，後來經過市場調查發現，這裡的生意可能不會很好，所以我的朋友就無意承租。想不到房東卻跑來跟我的朋友說：「因為你，我才想把大樓租給你，你怎麼談到一半就放棄了呢？」

由於那個人在當地頗有勢力，所以在沒有辦法之下，我的朋友只好承租了，結果不出所料，這家餐廳因地點欠佳，開業後即虧損累累，於是我的朋友向對方提出不再續租的要求。

這一次，他說：「當初是你執意要租我才租給你，如果你不再續租，以後也沒有人會租了，所以你的要求我不答應。」我的朋友告訴他，保證金、押金我都不要，只想離開那個地方。對方略為思考後點頭應允，不過要我的朋友把店中的桌椅留下來給他，看來他好像有意接手經營這家餐廳。「好，我將桌椅留下來。」我的朋友答應他並想結束談話，但他卻進一步要求我的朋友幫他介紹一位經理管理餐廳，這時我朋友生氣了，決定要給他一點教訓，於是他把連鎖店當中業績最差的三位經理送過去，而他們也向那人表示會努力工作。

事情當然不可能一切順利，果不其然，餐廳開張後的第二個月，正值年底最忙碌之時，那個人突然跑來對我朋友說：「先生，不得了啦！」原來那三人雖然很盡忠職守，但工作能力卻非常差，情況就如同當初預期那般，不過我朋友告訴他，這只是按照他的意思介紹人給他，其餘一概不負責而拒絕了他的其他請求。

儘管這事我的朋友也有損失，但我想那個人的損失更大。其實如果一開始他滿足於自己所擁有某一程度的要求，我朋友就會心平氣和地幫他，結果彼此均能獲利。但他只想到自己且一心要把對手連根剷除，最後反使自己掉入泥沼中。

俗語道：「得饒人處且饒人。」無論如何，凡事都應適可而止，給自己留一條後路。

再者，我們在一些談判或「溝通」的場合中，常常看見一些熟諳法律或人情事故的人，動輒以恐嚇、要脅為手段。來逼迫對方就範，這是一種十分不明智的行為。這些人自以為熟悉法律規章或人情事故，在溝通尚未展開或剛開始不久就提出「訴諸於法律」或「要對方好看」的恐嚇，自以為對方會因畏懼而答應自己的要求，但是，這可能嗎？就算對方在你的「淫威」下屈服，他們的「歸順」也不會長久，恐怕他們之後的報復行動也會使你面臨四面楚歌的局面。

假如你遇到一位有經驗的人，那就更慘了。他們對你的威逼恐嚇是不會驚慌畏縮的。他們早就洞悉你的陰謀了，而且胸有成竹。到時候你是要做一隻「縮頭烏龜」呢？還是在法庭上「兵戎相見」？不論哪一種選擇對你來說都是死路一條。

訴訟或暴力威脅是要「破財」的，若破了財又無法「消災」的話，那豈不是「賠了夫人又折兵」嗎？更何況，即使勝訴的話也未必比在交往中化解彼此的歧見要來得理想。因此，一個精明的人在為人處世中是不會把自己或對方給逼上絕路的。

當你不給別人留一點活路的時候，任何人都會進行頑強的反抗，這樣雙方都不會有什麼好結果。

## 說服人的十五種技巧

如果你真的不得不與人爭辯，或是遇到某些狀況無法保持沉默，必須要發表自己的想法，或使別人接受你的想法時，記得你要做的，不僅僅是讓對方接受你的意見，還要讓對方保有面子，讓對方發自內心並且心甘情願的接受你所說的每一句話。以下提供十五種說服別人的技巧：

1. 從稱讚和讓對方滿足著手：

華克公司承包了一件建築工程，預定於一個特定日期之前。在費城建立一幢龐大的辦公大廈，一切都照原定計劃進行得很順利。大廈接近完成階段，但負責供應大廈內部裝飾用銅器的承包商突然宣稱，他無法如期交貨。如果真是這樣的話，整幢大廈都不能如期交工，公司將承受鉅額罰金。

長途電話、爭執、不愉快的會談，全都沒效果。於是傑克先生奉命前往紐約，當面說服用銅器承包商。

「你知道嗎？在布魯克林區，有你這個姓名的，只有你一個人。」傑克先生走進那家公司董事長的辦公室之後，立刻就這麼說。

董事長吃驚：「不，我並不知道。」

「哦，」傑克先生說「今天早上，我下了火車之後，就查閱電話簿找你的地址，在布魯克林的電話簿上，有你這個姓的，只有你一人。」

「我一直不知道，」董事長說。他很有興趣地查閱電話簿。「嗯，這是一個很不平常的姓，」他驕傲地說「我這個家族從荷蘭移居紐約，幾乎有二百年了。」一連好幾分鐘，他繼續說到他的家族及祖先。當他說完之後，傑克先生就恭維他擁有一家很大的工廠，傑克先生說他以前也拜訪過許多同一性質的工廠，但跟他這家工廠比起來就差得太多了。「我從未見過這麼乾淨整潔的銅器工廠。」傑克先生如此說。

「我花了一生的心血建立這個事業，」董事長說「我對它十分感到驕傲。你願不願意到工廠各處去參觀一下？」

在這段參觀活動中，傑克先生恭維他的組織制度健全，並告訴他為什麼他的工廠看起來比其他的競爭者高級，以及好處在什麼地方。傑克先生還對一些不尋常的機器表示讚賞，這位董事長就宣稱是他發明的。他花了不少時間，向傑克先生說明

那些機器如何操作，以及它們的工作效率多麼良好。他堅持請傑克先生吃午餐。到這時為止，你一定注意到，傑克先生一句話也沒有提到此次訪問的真正目的。

吃完午餐後，董事長說：「現在，我們談談正事吧。自然，我知道你這次來的目的。我沒有想到我們的見面竟是如此愉快。你可以帶著我的保證回到費城去，我保證你們所有的材料都將如期運到，即使其他的生意都會因此延誤也不在乎。」

傑克先生甚至未開口要求，就得到了他想要的所有的東西。那些器材及時趕到，大廈就在契約期限屆滿的那一天完工了。

用讚揚的方式開始，就好像牙醫用麻醉劑一樣，病人仍然要受鑽牙之苦，但麻醉卻能消除苦痛。要想改變一個人而不傷感情，不引起憎恨的話，應該學會從稱讚和讓對方感到滿足著手。

2.巧妙地刺激對方的情緒或感覺：

美國鋼鐵公司總經理卡爾，有一次請來美國著名的房地產經紀人約瑟夫．戴爾，對他說：「老約瑟夫，我們鋼鐵公司的房子是跟別人租的，我想還是自己有座房子才行。」此時，從卡爾的辦公室窗戶望出去，只見船來船往，碼頭密集，這是多麼繁華熱鬧的景致呀！卡爾接著又說：「我想買的房子，也必須能看到這樣的景色，或是能夠眺望港灣的，請你去替我物色一所相當的吧。」

約瑟夫．戴爾費了好幾個星期的時間來琢磨這所相當的房子。他又是畫圖紙，又是編預算，但事實上這些東西竟一點兒也派不上用處。

不料，有一次，他僅憑著兩句話和五分鐘的沉默，就賣了一座房子給卡爾。

不用說，在許多「相當的」房子中間，第一所便是卡爾鋼鐵公司隔壁的那幢樓房，因為卡爾所喜愛眺望的景色，除了這所房子以外，再沒有別的地方能與它更接近了。卡爾似乎很想買隔壁那座更時髦的房子，並且據他說，有些同事也竭力主張買那座房子。

當卡爾第二次請約瑟夫去商量買房子之事時，約瑟夫卻勸他買下鋼鐵公司本來住著的那幢舊樓房，同時還指出，隔壁那棟房子中所能眺望到的景色，不久便要被一所計畫中的新建築所遮蔽了，而這所舊房子還可以保全多年對江面景色的眺望。

卡爾立刻對此建議表示反對，並竭力加以辯解，表示他對這所舊房子絕對無意願。但約瑟夫．戴爾並不申辯，他只是認真地傾聽著，腦子中飛快地在思考著，究竟卡爾的意思是想要怎樣呢？卡爾始終堅決地反對買那所舊房子，這正如一個律師在論證自己的辯護，然而他對那所房子的木料，建築結構所下的批評，以及他反對的理由，都是些瑣碎的地方。顯然可以看出，這並不是出於卡爾的意見，而是出自那些主張買隔壁那幢新房子職員的意見。

約瑟夫聽著聽著，心裡也明白了八九分，知道卡爾說的並不是真心話，他心裡其實是想買的，卻是他嘴上竭力反對的他們已經佔據著的那所舊房子。

由於約瑟夫一言不發地靜靜坐在那裡聽，沒有反駁他，卡爾也就停下來不講了。於是，他們倆都沉寂地坐著，向窗外望去，看著卡爾非常喜歡的景色。

約瑟夫曾對人講述他運用的策略：「這時候，我連眼皮都不眨一下，非常沉靜地說：『先生，您初來紐約的時候，你的辦公室在哪裡？』

他沉默了一會兒才說：「什麼意思？就在這所房子裡。」

約瑟夫等了一會兒，又問：「鋼鐵公司在哪裡成立的？」

他又沉默了一會兒才答道：「也是這裡，就在我們此刻所坐的辦公室裡誕生的。」

他說得很慢，我也不再說什麼。就這樣過了五分鐘，簡直像過了十五分鐘的樣子。我們都默默地坐著，大家眺望著窗外。

終於，他以半帶興奮的腔調對約瑟夫說：「我的職員們差不多都主張搬出這座房子，然而這是我們的發祥地啊。我們差不多可以說都在這裡誕生、成長的。這裡實在是我們應該永遠長駐下去的地方呀！」於是，在半小時之內，這件事就完全辦妥了。

並沒有利用欺騙或華而不實的推銷術，也不炫耀許多精美的圖表，這位房屋經紀人居然就這樣完成了他的工作。

原來約瑟夫．戴爾經過集中全部精神考察卡爾心中的想法，並根據考察的結果，很巧妙地刺激了卡爾的隱衷，使其內心的想法完全透露出來。他就像一個燃火引柴的人，以微小的星火，觸發熊熊的烈焰。

3.以對方感興趣的人或事間接打動對方：

一位推銷員奉命到印度去推銷公司經過數次談判都沒有談成的軍火生意。他事先給印度軍界的一位將軍電話，但隻字不提合約的事，只是說：「我準備到加爾各答去，這次是專程到新德里拜訪閣下，只見一分鐘的面就滿足了。」那位將軍勉強地答應了。

來到將軍的辦公室，將軍先聲明：「我很忙，請勿多佔時間！」冷漠的態度讓人覺得要談成這筆生意幾乎無望。

然而，推銷員說出的話，卻更讓人感到意外。「將軍閣下！您好。」他說，「我衷心向您表示謝意，感謝您對敝公司採取如此強硬的態度。」

「……」將軍莫名其妙竟一時語塞。

「因為您使我得到了一個十分幸運的機會，在我過生日的這一天，又回到了自己的出生地。」

「先生，您出生在印度嗎？」冷漠的將軍露出了一絲微笑。

「是的！」推銷員打開了話匣子，「二十五年前的今天，我出生在貴國名城加爾各答。當時，我父親是法國密歐爾公司駐印度的代表。印度人民是好客的，我們一家的生活得到了很好的照顧。」

接著，推銷員又娓娓動聽地談了他對童年生活的美好回憶：「在我過三歲生日的時候，鄰居的一位印度老大媽送給我一件可愛的小玩具，我和印度小朋友一起坐在象背上，度過了我一生中最幸福的一天……。」

將軍被深深感動了，當即提出邀請說：「您能在印度過生日太好了，今天我想請您共進午餐，表示對您生日的祝賀。」

汽車駛往飯店途中，推銷員打開公事包，取出顏色已經泛黃的合影照片，雙手捧著，恭恭敬敬地層放在將軍面前。「將軍閣下！您看這個人是誰？」

「這不是聖雄甘地嗎？」

「是呀！您再仔細瞧瞧左邊那個小孩，那就是我。四歲時，我和父母一道回國途中，曾經十分榮幸地和聖雄甘地同乘一條船。這張照片就是那次在船上拍的。我父親一直把它當作最寶貴的禮物珍藏著。這次，我要拜謁聖雄甘地的陵墓。」

「我非常感謝您對聖雄甘地和印度人民的友好感情。」將軍緊緊握住了推銷員的手。

當推銷員告別將軍回到住處時，這宗大買賣已拍板成交。

他成功的秘訣是什麼呢？在不能正面說服的情況下，採用「智取」的策略，激起對方的興趣，間接打動對方。

4.先獲得對方贊同的反應：

有技巧的演說者，如果在一開始就獲得對方贊同的反應。那麼此時他已為聽眾設下心理的認同過程，使他們朝向贊同的方向前進。它像撞球場裡的撞球那般移動，將它往一個方向推動後，若欲使它偏斜，便需費些力量，欲將它推回相反的方向，則需費更大的力量。

心理的形態在這方面表現得很明顯。當一個人說「不」，而且真心如此時，他所做的又豈是所說的這個字而已。通常，他的身體上會有微小程度的撤退，或撤退的準備，有時甚至明顯可見。簡言之，整個神經、肌肉系統都戒備起來要抗拒接受。可是，相反的，一個人說「是」時，就絕無撤退的行為發生。整個身體是在一種前進、接納、開敞的狀態中。因而，從一開始我們愈能誘發「是」，便愈有可能成功地攫住聽眾的注意力。

在各種爭議中，不論分歧有多大、問題有多尖銳，總是會有某一共同的贊同點是讓彼此都產生心靈共鳴的。

《想法的醞釀》這本書中在談到這個問題時指出：「有時，我們發現自己會在毫不抵抗、情緒毫不激動的狀況下改變了心理。但是人家若告訴我們說我們錯了，我們就會開始憎恨起這樣的譴責，硬起心腸來。在我們信仰形成的過程中，我們是極不留心的，可是遇有任何人表示與我們不同道時，我們便會對自己的信仰滿懷不適當的狂熱。顯然，我們所珍愛的並非意念本身，而是遭受威脅的自尊……。這小小的『我』是人類事務中最緊要的一個詞，適當地加以考慮乃是智慧之始。我們喜歡繼續相信自己一向習於接受的事實，一旦我們的任何假設受到懷疑，其所激起的憎怒會導致我們所謂的『講理』，就是找出一大堆理由來繼續相信自己已經相信的。」

你的目標如果是說服，請記住動之以情比抒發自己的想法成效更大。要激起聽眾的情感，必先自己熱切。不管一個人能夠編造多麼精緻的詞句，不管他能搜集多少例證，不管他的聲音多柔和，手勢多優雅，如果不能真誠講述，這些都只能是空洞耀眼的裝飾。要使聽眾印象深刻，先得自己有深刻印象。你的精神經由你的雙眼而閃亮發光，經由你的聲音而四面散發出去，並經由你的態度而自我抒陳，它便會與聽眾產生溝通，使聽眾漸漸信服。

5. 從對方的觀點來看待事情：

迪肯斯經常在他家附近的一處公園內散步，他非常喜歡橡樹。因此，當他看到那些嫩樹和灌木，一季又一季地被一些不必要的大火燒毀時，覺得十分傷心。那些火災並不是疏忽的吸菸者所引起的，它們幾乎全是由那些到公園內去享受野外生活、在樹下煮蛋或烤熱狗的小孩們所引起的。有時候火勢太猛，必須出動消防隊來撲滅。在公園的一個角落裡，立著一塊告示牌說，任何人在公園內生火，必將受罰或被拘留。但那塊牌子立在公園偏僻角落裡，很少人看到。迪肯斯到公園裡去散步的時候，其行為就像一位自封的管理員，試圖保護公家土地。剛開始的時候，他不會試著去瞭解孩子們的看法，一看到樹下有火，心裡就很不痛快，急於要做件好事，結果卻做錯了。他總是去到那些小孩子面前，警告說，他們可能會因為在公園內生火，而被關進監牢去。並以權威的口氣命令他們把火撲滅；如果他們拒絕，就威脅叫人把他們逮捕起來。迪肯斯說他自己只是盡情地發洩某種感覺，根本沒有想到他們的看法。

結果呢?哪些孩子是服從了,但是很心不甘情不願而憤恨地服從。等迪肯斯走過山丘之後,他們很可能又把火點燃了,並且極想把整個公園燒光。

隨著年歲的增長,迪肯斯對做人處世有更深一層的認識,變得更為圓滑一點,更懂得從別人的觀點來看事情。於是,他不再下命令,他來到那堆火前面,說出了下面的這段話:「玩得痛快嗎?孩子們,你們晚餐想煮些什麼?……我小時候自己也很喜歡生火——現在還是很喜歡;但你們應該知道,在公園內生火是十分危險的。我知道你們這幾位會很小心;但其他人可就不會這麼小心了。他們來了,看到你們生起了一堆火;因此他們也生了火,而後來回家時卻又不把火弄熄,結果火燒到枯葉,蔓延起來,把樹木都燒死了。如果我們不多加小心,以後我們這兒連一棵樹都沒有了。你們生起這堆火,就會被關人監牢內。但我不想太囉嗦,掃了你們的興。我很高興看到你們玩得十分痛快;但能不能請你們現在立刻把火堆旁邊的枯葉子全部撥開,而在你們離開之前,用泥土,很多的泥土,把火堆掩蓋起來,你們願不願意呢?下一次,如果你們還想玩火,能不能麻煩你們改到山丘的那一頭,就在沙坑裡生火?在那生火,就不會造成任何損害……真謝謝你們,孩子們,祝你們玩得痛快。」

這種說法有了很不同的效果！使得那些孩子們願意合作，不勉強，不憎恨。他們並沒有被強迫接受命令，使他們保住了面子。他們會覺得舒服一點，我們也會覺得舒服一點，因為我們先考慮到他們的看法，再來處理事情。

因此，如果你想改變人們的看法，而不傷害感情或引起憎恨，請遵循這一規則：「試著誠實地從他人的觀點來看事情。」

記住：試著去瞭解別人，從他的觀點來看待事情就能創造生活奇蹟，使你得到友誼，減少摩擦和困難。別人之所以那麼想，一定存在著某種原因。查出那個隱藏的原因，你就等於擁有解答他的行為，也許是他的個性的鑰匙。如果你對自己說：「如果我處在他現在所處的情況下，我會有什麼感覺，有什麼反應？」那你就會節省不少時間及苦惱，並大大增加你在做人處世上的技巧。

6.讓對方從被動接受轉為主動思考：

口才專家總結了許多說服別人的秘訣，有些是很值得借鑒的，主要有以下幾點：

(1)以事喻理：道理的「理」性愈強，愈要注意讓事實講話、佐證，否則就會因教育對象缺乏感性體驗，影響對「理」的理解、消化和吸收。用事實充實大道理，還可以避免說大話、空話，聯繫實際把道理講清楚。現在一些大道理所以讓人聽不進，就在於講得虛。

(2)以小見大：想法是有差別、有層次的，講道理也應有層次。缺少層次，一下子跨越幾個台階，會使人覺得跟你訴說的道理離得很遠，接受不了。說服者應擅長在小事情中講寓含著的大道理，用手邊事情來談可望及的遠道理，於淺表事情中挖掘可觸摸的深切道理。

(3)反詰設問：把大道理分解成若干個問題，用問話提出。一則引發興趣，啟發大家共同思考；一則用以創造一種平等和諧的氣氛，使人覺得不是在灌輸大道理，而是在共同探討問題。這種方法，改聽為想，改被動接受為主動思考，在拋磚引玉、換位思考中，讓「繫鈴」人自己「解鈴」。

(4)迂迴引導：正面一時講不通，不妨來個「旁敲側擊」。講好大道理很重要的一點是要學會剝繭抽絲，逐步引導，層層深入，最後「圖窮匕見」，將大家的想法統一和昇華到一個新的高度。有時也可借題發揮，講出「醉翁之意不在酒」的道理。這樣可以避免把講道理變成簡單的演繹論證，使教育對象易於接受。

(5)理在情中：有時講大道理，說服的對象並非對道理本身不接受，而是與講道理的人感情上合不來。這時講道理的人要擅於聯絡感情，要注意反省自己有無令對方反感的地方，及時克服和糾正。尤其當對方抵觸反感情緒較大時，首先要以誠相待，要在理解、尊重、關心的原則基礎上，再講道理。

(6)巧用名言：一句含有哲理的名人格言可以發人深省，給人啟迪。現在有不少年輕人，對名人與名人名言有一種崇拜感。把大道理與名人名言巧妙地結合，可以把大道理講得耐人尋味，富有吸引力。

(7)談心交流：「大鍋飯不覺香」，講大道理僅靠在課堂上和公共場合講，受當時環境氣氛的影響，有些朋友可能聽不進。出現這種現象，有時就要開「小鍋飯」，選擇一個恰當的場合，與對方真誠、平等地談心交流。

(8)語言感染：以適應對方的「口味」為出發點，充分發揮口語的魅力，把道理講得有聲有色，生動活潑。美妙的語言是大道理磁石般的外殼，它能吸引聽眾去深入理解「內核」。要做到這一點，首先要樹立自信心，相信正確道理的威力；其次，要注意語言的訓練，努力提高表達的技巧。

(9)點到為止：話講得囉嗦就讓人厭煩，聽不進去。有些人生怕人家聽不懂，翻來覆去地講一個道理，結果適得其反。正確的方法是，應該視情況因人出發，針對實際把握要講的內容，該講的一定要「點到」，同時又要注意留下充分思考的時間，讓對方去領悟、消化。

(10)言行結合：有時對方之所以不服，很重要的一條就在於講道理的人自己做得不好。「做」得好才能贏得「講」的資格。把單純地講道理變成見諸於行動的邊講邊做，讓人在「看服」中更好地信服，自覺地接受大道理。只有這樣，才能收到「此時無聲勝有聲」的最佳效果。

7.把你的希望和願望變成對方的：

尤金·威森為一家專門替服裝設計師和紡織品製造商設計花樣的畫室推銷草圖，一連三年，威森先生每個星期都去拜訪紐約一位著名的服裝設計家。「他從不拒絕接見我，」威森先生說，「但他也從來不買我的東西。他總是很仔細地看看我的草圖，然後說：『不行，威森，我想我們今天談不攏了。』」經過一百五十次的失敗，威森終於明白自己過於墨守成規；於是他下定決心，每個星期撥出一個晚上去研究做人處世的哲學，以發展新觀念，創造新的熱忱。

不久，他就急於嘗試一項新方法。他隨手抓起六張畫家們未完成的草圖，衝入買主的辦公室。「如果你願意的話，希望你幫我一個小忙，」他說，「這是一些尚未完成的草圖。能否請你告訴我，我們應該如何把它們完成才能對你有所幫助？」

這位買主默默看了那些草圖一會兒，然後說：「把這些圖留在我這兒幾天，然後再回來見我。」

三天以後威森又去了，獲得他的某些建議，取了草圖回到畫室，按照買主的意思把它們修飾完成。結果呢？全部被接受了。

從那時候起，這位買主已訂購了許多其他的圖案，這全是根據他的想法畫成的——而威森卻淨賺了一千六百多元的傭金。「我現在明白，這麼多年來，為什麼我一直無法和這位買主做成買賣，」威森說，「我以前只是催促他買下我認為他應該買的東西。我現在的做法正好完全相反。我鼓勵他把他的想法交給我。他現在覺得這些圖案是他創造的，確實也是如此。我現在用不著去向他推銷。他自動會買。」

8.強調最強大與最關鍵的理由：

多年以前，拿破崙．希爾曾應邀向俄亥俄州監獄的受刑人發表演說。他一站上講臺，立刻看到眼前的聽眾之中，有一位是他在十年前就已認識的朋友比爾，他是一位成功的商人。

希爾演講完畢後，和比爾見了面，談了一談，發現他因為偽造文書而被判二十年徒刑。聽完他的故事之後，希爾說：「我要在六十天之內使你離開這裡。」

比爾臉上露出苦笑，回答說：「我很佩服你的精神，但對你的判斷力卻深感懷疑。你可知道，至少已有二十位具有影響力的人士曾經運用他們所知的各種方法，想使我獲得釋放，但一直沒有成功。這是辦不到的事！」

大概就是因為他最後的那句話——「這是辦不到的事」——向希爾提出了挑戰，他決定向比爾證明，這是可以辦得到的。

希爾回到紐約市，請求他的妻子收拾好行李，準備在哥倫布市——俄亥俄州立監獄所在地——停留一段不確定的時間。

希爾的腦海中有一項「明確的目標」，這項目標就是要把比爾弄出俄亥俄監獄。他從來不曾懷疑能否使比爾獲釋。他和妻子來到哥倫布市。

第二天，希爾前去拜訪俄亥俄州長，向他表明了此行的目的。希爾是這樣說的：「州長先生，我這次是來請求你下令把比爾從俄亥俄州立監獄中釋放出來。我有充分的理由，請求你釋放他。我希望你立刻給他自由，但我準備留在這兒，等待他獲得釋放，不管要等待多久。在服刑的期間，比爾已經在俄亥俄州立監獄中推出一套函授課程，你當然也知道這件事：他已經影響了俄亥俄監獄中二千五百一十八名囚犯中的一千七百二十八人，他們都參加了這個函授課程。他已經設法請准獲得足夠的教科書及課程資料，而使得這些囚犯能夠跟得上功課。難得的是，他這樣做並未花費州政府的一分錢。監獄的典獄長及管理員告訴我說，他一直很小心地遵守監獄的規定。當然了，一個能夠影響一千七百多名囚犯努力學習的人，絕對不會是個壞傢伙。我來此請求你釋放比爾，因為我希望你能指派他擔任一所監獄學校的校長，這將可使得美國其餘監獄的十六萬名囚犯獲得向善向學的良好機會。我準備擔負起他出獄後的全部責任。這就是我的要求，但是，在您給我回答之前，我希望您知道，我並不是不明白，如果您將他釋放之後，您的政敵可能會藉此機會批評您。事實上，如果您將他釋放，而且，您又決定競選連任的話，這可能會使您失去很多選票。」

俄亥俄州州長維克．杜納海先生緊握住拳頭，寬廣的下巴顯示出堅定的毅力。他說：「如果這就是你對比爾的請求，我將把他釋放，即使這樣做會使我損失五千張選票，也在所不惜。……」

這項說服工作就此輕易完成了，而整個過程費時竟然不超過五分鐘。

三天以後，州長簽署了赦免特狀，比爾走出監獄的大鐵門，他再度恢復了自由之身。

希爾先生之所以能夠成功地說服州長，和他的周密考慮和精心安排是分不開的。希爾事先瞭解到了，比爾在獄中的行為良好，對一千七百二十八名囚犯提供了良好的服務。當他創辦了世界上第一所監獄函授學校時，他同時也為自己打造了一把打開監獄大門的鑰匙。

既然如此，那麼，其他請求保釋比爾的那些大人物，為何無法成功地使比爾獲得釋放呢？他們之所以失敗，主要是因為他們請求州長的理由不充足。他們請求州長赦免比爾時，所用的理由是，他的父母是著名的大人物，或者是說他是大學畢業生，而且也不是什麼壞人。他們未能提供給俄亥俄州長充分的動機，使他能夠覺得自己有充分的理由去簽署赦免特狀。

希爾在見州長之前，先把所有的事實研究了一遍，並在想像中把自己當作是州長本人想法一遍，而且弄清楚了，如果自己真的是州長，什麼樣的說辭才最能打動這位州長的心思。

希爾是以全美國各監獄內的十六萬名男女囚犯的名義來請求釋放比爾的。因為這些囚犯可以享受到比爾所創辦的函授學校的利益。他絕口不提他有聲名顯赫的父母，也不提自己以前和他的友誼，更不提他是值得我們幫助的人。所有這些事情都可被用來作為請求保釋他的最佳理由，但和下面這個更大、更有意義的理由比較起來，就顯得沒有太大的意義。這個更大、更有意義的理由是，他的獲釋將對另外的十六萬名囚犯有莫大的幫助，因為他獲釋之後，將使這些囚犯享受到他所創辦的這個函授學校的好處。因此，希爾成功了。

9.以給對方幫忙的形式提出請求：

已故的哈伯博士原是芝加哥大學的校長，也就是他那一時代最好的一位大學校長，他喜愛籌募數額龐大的基金。

一次，哈伯先生需要額外的一百萬美元來興建一座新的建築物。他拿了一份芝加哥百萬富翁的名單，研究他可以向什麼人籌募這筆捐款。結果他選了其中兩個人，每一個都是百萬富翁，而且彼此都是仇恨很深的敵人。

其中一位當時是擔任芝加哥市區電車公司的總裁。哈伯博士選了一天的中午時分——因為，在這時候，辦公室的人員，尤其是這位總裁的秘書，可能都已外出用餐了——他悠閒地走入總裁的辦公室。對方對於他的突然出現大吃一驚。

哈伯博士自我介紹說道：「我叫哈伯，是芝加哥大學的校長。請原諒我自己闖了進來，但我發現外面辦公室並沒有人，於是我只好自己決定，走了進來。」

「我曾多次想到你，以及你們的市區電車公司。你已經建立了一套很好的電車系統，而且我知道你從這方面賺了很多錢。但是，一想到你，我總是感覺到，總有一天你就要進入那個不可知的世界。在你走後，你並未在這個世界上留下任何紀念物，因為其他人將接管你的金錢，而金錢一旦易手，很快就會被人忘記它原來的主人是誰。」

「我常想到提供你一個讓你的姓名永垂不朽的機會。我可以允許你在芝加哥大學興建一所新的大樓，以你的姓名命名。我本來早就想給你這個機會，但是，學校董事會的一名董事先生卻希望把這份榮譽留給 X 先生（這位正是電車公司老闆的敵人）。不過，我個人在私底下一向欣賞你，而且我現在還是支持你，如果你能允許我這樣做，我將去說服校董事會的反對人士，讓他們也來支持你。」

「今天我並不是來要求你作成任何的決定，只不過是我剛好經過這兒，想順便進來坐一下，和你見見面，談一談。你可以把這件事考慮一下，如果你希望和我再談談這件事，麻煩你有空時撥個電話給我。」

「再見，先生！我很高興能有這個機會和你聊一聊。」

說完這些，他低頭致意，然後退了出去，不給這位電車公司的老闆表示意見的機會。事實上，這位電車公司老闆根本沒有任何機會說話，都是哈伯先生在說話，這也是他事先如此計畫的。他進入對方的辦公室只是為了埋下種子，他相信，只要時間來到，這個種子就會發芽，成長壯大。

果然，正如他所預想的那樣，他剛回到大學的辦公室，電話鈴聲就響了，是電車公司老闆打來的電話。他要求和哈伯博士碰個面，他獲得准許。第二天早上，兩人在哈伯博士的辦公室見了面，一個小時後，一張一百萬美元的支票已經交到哈伯博士的手上了。

為了清楚地展示哈伯先生的說服別人的高明之處。我們不妨再來做這樣的假設，他在和那家電車公司老闆見面後，開頭就這樣說：「芝加哥大學急需基金來建造大樓，我特地前來請求你協助。你已經賺了不少錢，你應該對這個使你賺大錢的社會盡一份力量才對（也許，這種說法是正確的）。如果你願意捐一百萬美元給我們，我們將把你的姓名刻在我們所要興建的新大樓上。」真是這樣，結果會如何呢？

顯然，沒有充分的動機足以吸引這位電車公司老闆的興趣。這句話也許說得很對，但他可能不願承認這一事實。

哈伯博士的高明之處就在於，他以特殊的方式提出說詞，並且製造出機會。

他使這位電車公司老闆處於防守的地位（似乎是哈伯在給他幫忙，而不是有求於他）。他告訴這位老闆說，他（哈伯博士）不敢肯定一定能說服董事會接受這位老闆想使他的姓名出現在新大樓的欲望，因為，他在那位老闆腦中灌輸了這個念頭：如果他不予捐款的話，他的對手及競爭者可能就要獲得這項榮譽了。

哈伯博士是位傑出的推銷員。當他請人捐款時，他總是先為自己能夠成功獲得這項捐款而鋪路。他先在請求捐款對象的腦海中埋下為什麼應該把錢捐出的一個充足的好理由；這個理由自然會向這個捐款對象強調捐款後的某些好處。通常，這種好處都是屬於商業上的。同時，它也會去吸引這個對象天性中的某些興趣，以促使他希望他的姓名能夠在他死後永垂不朽，而且，通常他總是要事先仔細思索出妥當的計畫，並運用高超的說服技巧來使這個計畫更為完美妥善，再據此來加以進行勸導。

10.偶爾採取沉默戰術同樣可以達到說服的效果：

大家都認為既然是說服，當然就得憑藉好口才。其實，偶爾採取沉默戰術同樣可以達到說服的效果。沉默可以引起對方注意，使對方產生迫切想瞭解你的念頭。

以下我們就來看看一個利用沉默成功說服的例子。

一家著名的電機製造廠召開管理員會議，會議的主題是「關於人才培育的問題」。會議一開始，山崎董事就用他那特有的聲音提出自己的意見。

「我們公司根本沒有發揮人才培訓的作用，整個培訓體系形同虛設，雖然現在有新進職員的職前訓練，但之後的在職進修卻成效不彰。職員們只能靠自己的摸索來熟悉自己的工作，很難與當今經濟發展的速度銜接在一起，因而造成公司職員素質水準普遍低落、效益不高。所以我建議應該成立一個讓職員進修的訓練機構，不知大家看法如何？」

「你所說的問題的確存在，但說到要成立一個專門負責培訓職員的機構，我們不是已經有職員訓練了嗎？據我瞭解，它也發揮了一定的功用，我認為這一點可以不用擔心……」

「誠如社長所說，我們公司已經有組織，但它是否發揮實際作用了呢？實際上，職員根本無法從中得到任何指導，只能跟著一些老職員學習那些已經過時的東西，這怎麼能夠將職員的業務水準迅速提升呢？而且我觀察到許多職員往往越做越沒有信心、越做越沒幹勁。所以，我認為它的功能不彰，所以還是堅持……」

「山崎，你一定要和我唱反調嗎？好，我們暫時不談這個話題，會議結束後，我們再做一番調查。」

就這樣，一個月後公司主管們重新召開關於人才培訓的會議。這次社長首先發言。

「首先我要向山崎道歉，上次我錯怪他了。他的提案中所陳述的問題確實存在。這個月我對公司的進行了抽樣調查，結果發現它竟然未能發揮應有的功效。因此，今天召集大家開會是想討論一下應該如何改變目前人才培育的方法，請大家儘量發表意見吧！」

社長的話一出口，大家就開始七嘴八舌地提出建議，但令人奇怪的是，這一次山崎董事卻始終一語不發地坐在原位，安靜地聆聽著大家的意見，直到最後他都沒說一句話。

會議結束以後，社長把山崎董事叫進社長辦公室晤談。「今天你怎麼啦？為什麼一句話也不說？這個建議不是你上次開會時提出來的嗎？」

「沒錯，是我先提出來的。不過上次開會我把該說的都說了，其實那無非是想引起社長你對這問題的重視罷了。現在目的已經達到，我又何必再說一次呢？還不如多聽聽大家的建議吧！」

「是嗎？不錯，在此之前我反對過你的提議，你卻連一句辯解也沒有。今天大家提出的各種建議都顯得很空洞，沒有實際的意義，反倒是你的沉默讓我感到這個問題帶來的壓力。這樣吧，這件事就交給你去辦好了！今天起由你全權負責公司的人才培訓工作。請好好努力吧！」

「是，謝謝您對我的信任，我一定會努力把這件事做好！」

看了上面這個例子，你有何感想？這是個典型的沉默說服法成功的案例。如果你真能時地利用沉默，有時發揮的作用可能反而要比說話來得大。

11.給對方體面的藉口：

廣告人可以說個個都是找藉口的高手，當即溶咖啡在美國首度推出時，曾有這樣一段故事。公司方面本來預測這種咖啡的「簡單」、「方便」會大受家庭主婦的歡迎。沒想到事與願違，其銷售並無驚人之處。姑且不論味道問題，大概是因為

「偷工減料」的印象太強的關係，因為在美國，到此時為止，咖啡一直都是必須在家裡從磨豆子開始做起的飲料。現在只要注入熱水就能沖出一大杯來，怎麼看都似乎太過便宜了。

所以，廠商便從「簡單」、「方便」的正面直接宣傳，改為強調「可以有效利用節省下來的時間」的廣告戰略。所謂「請把節省下來的時間，用在丈夫、孩子的身上。」這種改變形象的作戰，去除了身為使用者的主婦們所謂「對省事的東西趨之若鶩」的內疚。因為「我使用速成食品，一點也不是為了自己的享樂，而是因為可以把節省下來的時間用到家人身上之故。」此後，銷售量年年急速上升，自是不在話下。

任何事物都有一體兩面。說到傳統，其背後的意思就是古板。只強調即溶咖啡的省事與便利，要完全去除其負面印象可說是相當困難的；但是，如果將「偷工」改變一種看法，就成了節省時間。總之，藉口強調偷工的反面意義，即溶咖啡便緊緊抓住了消費者的心。

12.明白自己所提建議的前因後果：

在說服別人的時候，明白自己所提建議的前因後果，比把自己的觀點強加於人更有效。譬如志豪和清水兩個人都是由妻子「掌握財權」，最近都感到日常花銷窘迫，都想增加自己的零用錢。

晚飯後，志豪約妻子外出散步。兩個人邊走邊聊。直到妻子說：「最近物價好像有些上漲……」

他才感覺到機會來臨，連忙趁機說：「可不是嗎，妳想想，上次加錢是什麼時候？好像已經很久了……妳知道嗎？近來同事們都說我變小氣了，這樣是會影響到我的人際關係的。再這樣下去，我一定會受到大家的排擠。妳也曾經在社會上工作，應該瞭解被人排擠的滋味吧！這樣絕對會影響到工作績效，我想妳一定能瞭解並體諒我的苦衷！」

妻子想了想說：「是呀，好久沒有調整零用錢了，萬一影響工作就不好了。這樣吧，從這個月開始，每個月多給你二千元的零用錢吧！」

志豪說服的手段高明，因此進行得相當順利。相比之下，清水就遜色得多了。

為了給自己壯膽，他回家前先喝了幾杯，然後臉紅脖子粗地對妻子說：「聽著，從這個月開始零用錢再多給我二千元。妳到底有沒有替我想想，現在這個樣子，酒不能喝、菸也不能抽，這怎麼行呢？總之，趕快給我加錢……」

清水的太太聞言不禁火冒三丈：「你說的是什麼鬼話！不是才剛加了錢嗎？你哪一天不是喝得醉醺醺才回來，菸也抽得那麼凶，卻還說什麼沒菸抽、沒酒喝；還想加什麼錢呀！開玩笑，門都沒有！」

清水的舌頭倒沒喝短，他馬上反擊道：「剛加錢？那已經是一年前的事了。喂，只要妳少看幾場電影，不就多出二千元了嗎！」

太太生氣了，沒有說話。

清水看太太有些動怒，便軟化態度，溫和地說道：「好吧，那就加個一千元吧。」

清水的太太還是沒有說話……。

同樣是勸說妻子給自己增加零用錢，志豪輕易成功了，清水卻引發了一番爭吵，這是為什麼呢？因為清水的勸說根本沒有表達出勸說的真義，反而只是一味地想將自己的想法強加給對方，太太無法完全理解丈夫的要求加錢的理由。而志豪將自己在公司的狀況明確地告訴妻子，讓妻子瞭解到這種狀況如果持續下去對於她也是相當不利的。於是太太細思後發覺如不增加丈夫的零用錢，的確會使家庭和自己的利益受損。於是便爽快地答應了。

13. 組織好開頭幾句話：

你要與你的經理進行一次面談，你想讓他同意你改變所在部門現有的工作內容和程序。

「我認為我們的工作中存在一個問題，可以和你面談幾分鐘嗎？」這肯定不是好的開頭。

「約翰，我有一個能增強部門效率的主意，什麼時候有空我們討論一下？」這絕對要好得多。

在策劃開場白時我們需要想一想對方有什麼理由要聽我們說。在開頭幾句話裡就應該把對方能從中領略的實惠、理由和動機考慮進去。

還有，把你打算用在重要會議中的開場白記錄起來也是個不錯的主意。有人擔心一旦寫下來再說的時候會顯得生硬或不自然，一位專家認為情況剛好相反！

很多銷售人員會激烈反對把產品用途說明記下來，理由如下：

「那會使我說起話來像是在讀劇本。」

「那會使我對顧客提的問題無言以對。」

「如果顧客不按我記下的步驟走怎麼辦？」

其實這樣類似提綱似的東西在我們日常談話中都有。在接電話的時候——一般情況下——你會聽到他們總是在說同樣的話，用同樣的語調和變化。

劇中的演員都是有腳本的。他們對什麼時候該說什麼一清二楚，可並沒見他們把話說得乾巴巴的呀！知道要說什麼之後我們才能把注意力集中在如何說好它們上。

我們也清楚，另外有些演員有著同樣的腳本，表演效果卻不同。瞭解談話可能的走向，能使我們有針對性地考慮怎樣回答，做何聲明，這都是我們應當周密安排的。

在重要的談話之前我們應當練習開場白。重要的是要考慮怎樣說出開頭的幾句話，用什麼聲調，語速的快慢等等。在任何談話或做說服工作時都應該在一開頭就稱呼對方的姓名。如果在談話開始時我們沒能得知或很快忘記了對方的名字，那就很難用這個名字來組織我們要說的話，這樣的說服效果就往往不理想。

14.以讚美的方式勸說：

在餐廳裡，我們聽見過服務生在服務中經常使用這樣的語句：「先生，請允許我推薦一種特別好的葡萄酒，對那些精於品評美酒的人是再合適不過了。是有一點貴，不過我想你會喜歡的。你願意嚐嚐嗎？」

這樣讚美我們的成熟品味的鑑賞力，我們怎能拒絕？我們不能，而且價格因素增加了葡萄酒的誘惑力，我們透過向周圍人顯示有能力消費生活中的奢侈品而使自己的能力表現需求得到了滿足。

有一天晚上，在一家義大利餐廳，一位顧客要了一瓶白葡萄酒，老闆對他說：「你點得好極了，先生。那麼上主菜時你願意用哪種酒呢？」

我們相信，顧客原只打算要一瓶葡萄酒，而現在他還得要一瓶紅葡萄酒與主菜相配。他被說服了。

為了達到影響他人的目的而需要說些恭維的話時，我們一定要顯得誠懇，而且要注意只恭維他人的行為而不恭維他人本身。

15.強調彼此是為相同的目標而努力：

為了說服對方，要盡可能使對方在開始的時候說「是的，是的」，盡可能不使他說「不」。

因為一個否定的反應是最不容易突破的障礙，當一個人說「不」時，他所有的人格尊嚴，都要求他堅持到底。也許事後他覺得自己的「不」說錯了；然而，他必須考慮到寶貴的自尊！既然說出了口，他就得堅持下去。因此一開始就使對方採取肯定的態度是最重要的。

這種強調彼此是為相同的目標而努力、使用「是，是」的方法，使得紐約市格林威治儲蓄銀行的職員詹姆斯．艾伯森挽回了一名即將失去的主顧約翰先生。

約翰要開一個戶頭。艾伯森先生就給他一些平常表格讓他填。有些問題他心甘情願地回答了，但有些他則根本拒絕回答。

在研究做人處世技巧之前，艾伯森一定會對約翰說：「如果您拒絕對銀行透露那些資料的話，我們就無法讓您開戶頭。」當然，像那種斷然的方法，會使自己覺得痛快，因為表現出了誰是老闆，也表現出了銀行的規矩不容破壞。但那種態度，當然不能讓一個進來開戶頭的人有一種受歡迎和受重視的感覺。

那天早上，艾伯森決定採取一點實用的普通常識。他決定不談論銀行所要的，而談論對方所要的。最重要的，他決定在一開始就使客戶說「是」，「是」。因此，他不反對約翰先生，而是說：「您拒絕透露的那些資料，也許並不是絕對必要的。」

「是的，當然。」約翰回答。

「你難道不認為，把你最親近的親屬名字告訴我們，是一種很好的方法，萬一你去世了，我們就能正確並不耽擱地實現你的願望嗎？」艾伯森又問。

約翰又說：「是的。」

接著，他的態度軟化下來，當他發現銀行需要那些資料不是為了自己，而是為了客戶的時候，他改變了態度。在離開銀行之前，約翰先生不只告訴艾伯森所有關於他自己的資料，還在艾伯森的建議下，開了一個信託戶頭，指定他母親為受益人，而且很樂意地回答所有關於他母親的資料。

記住：若一開始你就讓對方說「是」，他就會忘掉你們爭執的事情，而樂意去做你所建議的事。

# 第8章 給別人面子就是給自己面子

# Free Style in Your Job

| | |
|---|---|
| 作　　者 | 孫大為 |
| 發 行 人 | 林敬彬 |
| 主　　編 | 楊安瑜 |
| 編　　輯 | 陳亮均 |
| 助理編輯 | 黃亭維 |
| 美術編排 | 于長煦 |
| 封面設計 | 鄭丁文 |
| 出　　版 | 大都會文化事業有限公司 |
| 發　　行 | 大都會文化事業有限公司 |



11051台北市信義區基隆路一段432號4樓之9
讀者服務專線：(02)27235216
讀者服務傳真：(02)27235220
電子郵件信箱：metro@ms21.hinet.net
網　　　址：www.metrobook.com.tw



| | |
|---|---|
| 郵政劃撥 | 14050529 大都會文化事業有限公司 |
| 出版日期 | 2013年10月初版一刷 |
| 定　　價 | 250元 |
| I S B N | 978-986-6152-88-7 |
| 書　　號 | Growth-067 |

First published in Taiwan in 2013 by Metropolitan Culture Enterprise Co., Ltd.





4F-9, Double Hero Bldg., 432, Keelung Rd., Sec. 1, Taipei 11051, Taiwan
Tel:+886-2-2723-5216　Fax:+886-2-2723-5220
Web-site:www.metrobook.com.tw
E-mail:metro@ms21.hinet.net




大都會文化 METROPOLITAN CULTURE

大都會文化




Cover Photography: front, dreamstime / 29194865

國家圖書館出版品預行編目資料

Free Style in Your Job／孫大為著. 初版. 臺北市：
大都會文化, 2013. 10
304面；21×14.8公分.

ISBN 978-986-6152-88-7（平裝）
1.職場成功法

494.35　　102019032

書名：**Free Style in Your Job**

謝謝您選擇了這本書！期待您的支持與建議，讓我們能有更多聯繫與互動的機會。

A. 您在何時購得本書：_____年_____月_____日

B. 您在何處購得本書：__________書店，位於__________(市、縣)

C. 您從哪裡得知本書的消息：

1.□書店 2.□報章雜誌 3.□電台活動 4.□網路資訊

5.□書籤宣傳品等 6.□親友介紹 7.□書評 8.□其他

D. 您購買本書的動機：（可複選）

1.□對主題或內容感興趣 2.□工作需要 3.□生活需要

4.□自我進修 5.□內容為流行熱門話題 6.□其他

E. 您最喜歡本書的：（可複選）

1.□內容題材 2.□字體大小 3.□翻譯文筆 4.□封面 5.□編排方式 6.□其他

F. 您認為本書的封面：1.□非常出色 2.□普通 3.□毫不起眼 4.□其他

G. 您認為本書的編排：1.□非常出色 2.□普通 3.□毫不起眼 4.□其他

H. 您通常以哪些方式購書：(可複選)

1.□逛書店 2.□書展 3.□劃撥郵購 4.□團體訂購 5.□網路購書 6.□其他

I. 您希望我們出版哪類書籍：（可複選）

1.□旅遊 2.□流行文化 3.□生活休閒 4.□美容保養 5.□散文小品

6.□科學新知 7.□藝術音樂 8.□致富理財 9.□工商企管 10.□科幻推理

11.□史地類 12.□勵志傳記 13.□電影小說 14.□語言學習（____語）

15.□幽默諧趣 16.□其他

J. 您對本書(系)的建議：

________________________________________

K. 您對本出版社的建議：

________________________________________

## 讀者小檔案

姓名：____________ 性別：□男 □女 生日：____年____月____日

年齡：□20歲以下 □21～30歲 □31～40歲 □41～50歲 □51歲以上

職業：1.□學生 2.□軍公教 3.□大眾傳播 4.□服務業 5.□金融業 6.□製造業

7.□資訊業 8.□自由業 9.□家管 10.□退休 11.□其他

學歷：□國小或以下 □國中 □高中／高職 □大學／大專 □研究所以上

通訊地址：______________________________

電話：（H）____________（O）____________ 傳真：____________

行動電話：______________E-Mail：________________

◎謝謝您購買本書，也歡迎您加入我們的會員，請上大都會文化網站 www.metrobook.com.tw 登錄您的資料。您將不定期收到最新圖書優惠資訊和電子報。

# Free Style in Your Job

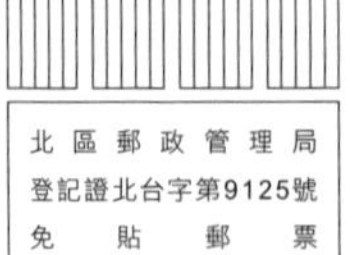



**大都會文化事業有限公司**

**讀者服務部　收**

11051台北市基隆路一段432號4樓之9


寄回這張服務卡〔免貼郵票〕
您可以：
◎不定期收到最新出版訊息
◎參加各項回饋優惠活動

大都會文化
METROPOLITAN CULTURE

大都會文化
METROPOLITAN CULTURE